王文博 主编

服装干洗、湿洗技术与设备

第二版

U0205693

化学工业出版社

·北京·

内容简介

本书系统地阐述了服装干洗、湿洗技术、设备和应用。主要内容包括：干洗技术概述，干洗溶剂与助剂，干洗工艺与技术，服装干洗机电设备，干洗机的工作原理与操作，干洗机的安装、使用操作和保养维修，湿洗技术与设备，皮制服装的材料与洗涤，皮制服装洗涤后的整理等内容。

本书内容丰富，理论与实际紧密结合，适合服装洗净服务业员工和技术人员阅读参考，也可作为相关培训教材。

图书在版编目（CIP）数据

服装干洗、湿洗技术与设备/ 王文博主编. —2 版. —北京：化学工业出版社，2021.12

ISBN 978-7-122-39940-3

Ⅰ. ①服… Ⅱ. ①王… Ⅲ. ①服装-洗涤 Ⅳ. ①TS973.1

中国版本图书馆 CIP 数据核字（2021）第 196025 号

责任编辑：张　彦	文字编辑：赵　越
责任校对：边　涛	装帧设计：刘丽华

出版发行：化学工业出版社（北京市东城区青年湖南街 13 号　邮政编码 100011）
印　　刷：北京京华铭诚工贸有限公司
装　　订：三河市振勇印装有限公司
710mm×1000mm　1/16　印张 9½　字数 178 千字　　2022 年 1 月北京第 2 版第 1 次印刷

购书咨询：010-64518888　　　　　　　　　　售后服务：010-64518899
网　　址：http://www.cip.com.cn
凡购买本书，如有缺损质量问题，本社销售中心负责调换。

定　　价：69.00 元

服装洗净服务业是一门既历史悠久又不断出新的行业。人类自从着装以来，就非常注重服装的穿着质量和整洁美观，从而设计、生产和应用了服装去渍与洗净的技术和设备。随着社会的发展，服装去渍与洗净走向了社会化和市场，逐渐形成了一门行业。同时，随着科学技术的发展和人类生活方式的现代化，人们对穿着质量和品位的追求越来越高，这促进了现代服装去渍与洗净技术的不断创新和机械设备的更新。随着人类生活方式城市化和服装去渍与洗净社会化步伐的加快，服装洗净服务业规模明显增大。服装洗净服务业的迅速发展，为现代人的生活带来了方便，但是相关投诉也逐年增加。提高服装去渍与洗净的质量，成了服装洗净服务业应当着重解决的问题。

改革开放以来，人们的生活质量有了大幅度的提高，服装的面料、里料、饰物和附件品种越来越多，更加彰显个性、异彩纷呈，这给服装去渍与洗净技术提出了新的挑战。同时，现代服装去渍与洗净技术和设备有了很大的发展，从人工逐步发展到机械化；从水洗技术到干洗技术，又出现了湿洗技术；相应的机械设备也不断地更新和发展。现代服装的清洗技术和设备与传统的相比，具有更高的科技含量，需要从业人员掌握相关知识，能熟练地掌握技术并操作设备。这一切，就要求对从业人员进行针对性的专业培训和自我培训，提高他们的技术与服务水平。为此，我们编写了本书。

在编写过程中，我们借鉴和参考了相关的著作、经验和研究成果，在此向有关专家表示深切的感谢！

本书由北京服装学院王文博教授主编，参加编写的还有姚云、刘姚姚、贾云萍、陈明艳、杨九瑞、张弘、张继红、管正美等。

由于编者水平有限，书中难免有疏漏之处，敬请各位专家与读者不吝批评指正。

王文博

目录

第九章
皮制服装洗涤后的整理

参考文献

第一章
干洗技术概述

干洗是用疏水性亲油溶剂作媒介去除污垢的洗涤法。由于一些纤维织物在水洗过程中会发生吸水膨胀，干后会收缩，因而在水洗时会出现褶皱和变形，特别是羊毛制品。由于羊毛纤维表面存在鳞片结构，在热水中受到一定的机械力，就会在不规则外力的作用下引起毛纤维间相互滑动。顺、逆鳞片方向的动摩擦因数间的差异导致毛纤维发生向纤维尖端方向的单向运动而引起纤维缠结，使纤维紧密度提高，织物延伸性和表面积减少，最后导致纤维间不能发生相对运动，这种现象称为羊毛的毡缩。这种变化是不可逆的，因此羊毛织物不宜用水洗。另外，水洗会使羊毛、丝绸织物的手感、颜色、光泽等变差，使醋酸纤维等外衣的洗涤褶皱不易去除，使化纤织物的组织结构发生变化，使一些染色衣物在水洗时会发生染料溶解变色。而在有机溶剂洗涤过程中不会发生上述变化，因此在上述这些情况下宜用干洗。

干洗操作不仅要求有机溶剂有较强的溶脂能力，还要具有不使纤维发生毡缩褶皱变形、不溶解衣物上的染料、无毒（低毒）、安全可靠、不腐蚀设备、经济上合理等性质。干洗必须在专用且密封性能良好的干洗机中进行。

第一节　干洗的发明与发展

一、干洗技术发明的传说

干洗技术大约出现在一百多年以前，关于如何发明了干洗技术，有几个不同版本的传说，内容大体类似。其中广为流传的一个版本是：一百多年前，欧洲工业革命后，比较发达的帝国主义国家向外进行殖民扩张，军服制作复杂讲究，但是经过水洗后容易抽缩变形。而穿着一定时间后军服满是污垢，有碍观瞻。无意中，有人把沾满污垢的军服掉在煤油桶中，晾干后竟然发现军服变得非常干净。由此，使用溶剂油洗涤衣物的干洗方法诞生了。

二、不同干洗溶剂的使用演变过程

早期的干洗溶剂使用的是汽油、煤油一类的溶剂。20世纪20～30年代，一个美国人把当时使用汽油溶剂的干洗机带到了上海，在上海开了一家洗衣店为顾客服务。这是中国洗染业第一次使用干洗机。

由于汽油类干洗剂易燃易爆，后来先后出现了使用四氯化碳、三氯乙烯以及氟氯烃类溶剂的干洗剂。这类干洗溶剂都具有不易燃烧的特点，并且洗涤效果也很好。但是也分别带来了一些其他方面的负面作用，如四氯化碳和三氯乙烯溶解范围太宽，能够损伤多数服装附件，而且这类溶剂毒副作用较大；又如氯氟烃类干洗溶剂各方面都很好，但是排出后破坏地球大气臭氧层，目前已被相关国际组织明令禁用。因此上述几种干洗溶剂也陆续被淘汰。

20世纪40年代左右开发出了四氯乙烯干洗溶剂。由于其具有不燃、不爆、无闪点、洗净度好、脱脂力适中的特点而受到欢迎。自此，干洗溶剂以四氯乙烯为主的时代持续了几十年。至今全球使用四氯乙烯干洗溶剂的干洗机仍然占70%以上。

在开发四氯乙烯干洗溶剂前后，也出现了以石油烃类为主要成分的干洗剂——"斯托达德"。但是由于这类干洗剂在易燃易爆方面仍然难于控制，因此长时间以来未能成为主流干洗剂。在全封闭式干洗机出现之前，为了能够安全地使用这类石油烃溶剂，使用这类干洗剂的干洗机被设计成分体式，即烘干部分与洗涤和脱液部分分开成为两台设备，进行干洗。目前这类干洗机在欧洲、北美等国家和地区已被淘汰，但是国内以及东南亚等地仍然在使用（也就是通常所说的石油干洗）。

许多洗衣店还在使用的开式分体石油干洗机，在国内占到20%左右；在日本、韩国以及东南亚国家和地区占到70%～80%。

随着科学技术的进步和人们环境意识、健康意识的提高，对干洗溶剂的要求也逐渐严格。于是在干洗溶剂和干洗机两个方面都不断提高和创新。20世纪80年代末90年代初，推出使用四氯乙烯干洗剂的封闭式干洗机机型，使干洗溶剂外泄量和洗涤衣物消耗量大幅度降低。

20世纪90年代中期，欧洲、北美的发达国家又推出了封闭型碳氢（石油烃）溶剂干洗机。为确保干洗机能够安全运转，这类干洗机采用了很多先进的科技手段，如干洗机工作时洗衣滚筒内的部分空气采用氮气置换；干洗溶剂蒸馏时采用抽真空减压等；同时还对碳氢类干洗溶剂不断进行改造，努力降低使用时的不安全性。

三、全球干洗技术概况

干洗技术主要包括干洗溶剂和干洗设备。

1. 干洗溶剂研发

在研发干洗溶剂方面，各国都进行了不懈的努力。一些人把目光集中在石油烃类溶剂上，也有许多人研发了混合型的干洗剂，但是仍然未能完全脱离卤代烃类溶剂。因此有人把目光转向其他溶剂，如液态二氧化碳。

2. 干洗设备研制

在干洗设备方面，全球发达国家和地区，无论是使用四氯乙烯还是使用碳氢溶剂的干洗机都以封闭型干洗机为主流机型。此类机型在溶剂消耗量和使用安全性等方面都处于较高的水平。国内的四氯乙烯干洗机中封闭式机型的占有率不超过30%，而封闭式石油烃类干洗机更是寥寥无几，仅占石油干洗机总量的不足1%。

在世纪之交，美国休斯公司为解决海军潜艇官兵洗衣的问题，研发并推出了液态二氧化碳干洗机。这种干洗机具有一定的洗净度，不消耗水，而且没有任何有害废物产生，从而受到广泛的推崇。但是由于这种干洗机的工作内压高达55个大气压，设备造价较高，短时间内还很难在较大范围内普及。

四、干洗技术的发展前景

干洗技术历经一百多年的发展，虽然已经成为一种成熟的技术，但是环境保护问题和使用安全问题一直困扰着洗染业。干洗技术最重要的是要研发安全、高效而且完全无害的干洗溶剂。欧洲率先推出了湿洗技术，希望能够替代部分需要干洗衣物的洗涤。世界上一些企业和机构仍然在不断地努力，相信随着科技的进步，干洗技术存在的问题一定能够得到圆满解决。

第二节 干洗洗涤去污的基本原理

一、干洗去污的实质

众所周知，干洗使用的是干洗溶剂，因此"干洗"实际上是"溶剂洗涤"，其去除污垢的主要原理是干洗溶剂把可以溶解的成分溶解掉。所以干洗剂可以溶解什么样的污垢，就可以洗掉什么样的污垢。也就是说，干洗溶剂的溶解范围（溶解谱）决定了哪些污垢能够在干洗过程中洗干净。但是溶解谱是个双刃剑。当溶解谱太宽的时候，对衣物面料以及衣物上的附件影响较大，有可能被过重地脱脂，衣物上的各种附件也可能被溶解，从而使衣物受到损伤。而溶解谱太窄时，很多污垢就不能洗涤干净。因此，溶解范围适中，脱脂力适当的溶剂才真正适合作为干洗剂。

通常习惯采用溶剂的 KB 值作为某种干洗溶剂的脱脂力参考。KB 值过高或过低都不适合用作干洗溶剂。

当然，作为干洗剂还要考虑其他方面的条件和要求，如毒副作用、使用安全性、使用成本等。因此，合适的干洗溶剂就能够把衣物上的绝大多数油脂性污垢洗涤干净；而水溶性污垢和一些其他污垢则须依靠干洗助剂来解决。

二、干洗助剂

任何有机溶剂的溶解谱几乎都不包括淀粉、蛋白质和糖类，而衣物上又不可避免地沾有这类污垢。因此，如何在干洗过程中洗涤干净水溶性污垢就成为干洗技术的重要课题。在早期干洗技术中，主要以使用酒精皂作为协助去污的手段。后来逐渐研发出专门的干洗助剂，即干洗枧油、干洗皂油、干洗皂液等。干洗助剂的主要成分是表面活性剂、溶剂和水。其作用是在干洗机内以干洗溶剂为主的大环境中，利用衣物上以及干洗机内少量的水分洗涤衣物上的水溶性污垢。干洗助剂的使用，使干洗洗涤方式更加完满，可以使大多数主要的水溶性污垢得以洗涤干净。

三、干洗机内的水分及其作用

干洗机，顾名思义是干洗衣物的专业设备。所谓"干"是指不使用水作为洗涤介质。准确地讲，干洗实际上是"溶剂洗涤"。那么，干洗机内有没有水分呢？答案是肯定的。不然，干洗机为什么要安装液水分离器？

既然干洗机内含有一定的水分，就必定会起到相应的作用。干洗技术发展到今天，干洗机内水分的重要性也逐渐被人们所认识。实践经验证明，干洗机内不能没有水分，但是干洗机内水分又不能过多。因此，干洗机内水分对于干洗的作用与影响，可用一句中国的俗语概括："成也萧何，败也萧何。"

人所共知，干洗后的衣物除了油性污垢被洗掉以外，一些水溶性污垢和其他污垢也能被洗掉不少。这就要归功于干洗机内的水分。通过干洗助剂的桥梁作用，利用干洗机内以干洗溶剂为主的环境和少量的水分，才能把水溶性污垢和一些其他污垢洗涤下来。

但是，当干洗机内水分过多时，就会成为干洗溶剂中溶解的一些污垢和色素的媒介，在干洗过程中重新沾染到衣物上，造成干洗"机内沾染"，也就是"干洗二次污染"。

为此，我们就干洗机内水分情况、干洗机内水分对干洗衣物的影响以及干洗机内水分控制等问题进行系统的分析。

1. 干洗机内水分的来源和数量

通常在干洗机工作时(以 10kg 干洗机计算),干洗机内所含水分的总量为 1000～1500mL。由于所在地区不同或所处季节不同,干洗机内水分的总量还会有一些上下浮动。当干洗机内水分过多或过少时,就会出现与之对应的干洗瑕疵和事故。

干洗机内的水分主要来自五个方面。

(1)衣物上含有的水分　所有的衣物都会含有一定的水分,其具体比例因面料、里料的纤维成分不同而有所差异。平均水分总含量占衣物总重的 5%～8%。如干洗一车 10kg 的一般衣物,其水分含量在 500～800g。但在潮湿度特别大的地区或季节,衣物的含水量有可能大大超过这个比例。衣物上所含水分是干洗机内水分的主要来源。

(2)干洗助剂含有的水分　各种类型的干洗助剂(皂液、枧油、强洗剂等)都含有水分,占总重的 40%～60%。由于使用干洗助剂的方式不同,进入干洗机的水分也会有一些不同。如果采用把干洗助剂直接加入机内的方法,其水分含量可以按其比例直接计算出来。如果采用调配后对重点污垢以涂抹的方法进行预处理,多数情况下所含水分有可能更多一些。通常每干洗一车衣物,由干洗助剂带入干洗机的水分在 50～100g。

(3)干洗前预处理带入的水分　干洗前进行必要的去渍预处理是通常的做法,不论什么样的去渍预处理最后都会使用清水清除残余药剂。在装机时,处理过的衣物不可能彻底干燥。由此也会带入相当数量的水分,每车衣物可带入的水分在 50～200g。

(4)干洗溶剂中含有的水分　干洗溶剂中一般会含有一些溶解水分,常态情况下为 0.039%,即每 100kg 四氯乙烯含有水分 40g 左右。根据干洗时注入干洗机内的溶剂数量不同,带入干洗机内的水分在 30～60g。

(5)环境水分在干洗机内的凝结　干洗机每一个工作循环,机内水分就会有一次从最高值到最低值的过程。装机后开始运行时,机内水分处于最高值。干洗洗涤过程完成后,从烘干程序开始机内水分逐渐降低,至烘干结束出车时机内水分降至最低值。此时,干洗机舱内的水分几乎为零。在启动干洗机准备下一车次洗涤时,干洗机与外界空气充分交换,环境水分也同时进入干洗机,成为干洗机内水分的组成部分。由于所处地区与季节不同,这一部分水分的总量可能各不相同,其数量可从几克到几十克。

一般而言,干洗每百件衣物从干洗机液水分离器处可收集凝结水 2500～5000mL。而开启式干洗机的水分一般会多于封闭式干洗机。由于各种不正常原因,储液箱、过滤器,甚至液体、气体管路都可能聚积水分,并由此成为隐患。在许多洗衣店，干洗机储液箱的观察窗有时可能会直接看到四氯乙烯液面上浮有水层。此时，已经是向操作者发出水分过多的危险信号了。

以上所述是干洗机正常情况的水分来源，如果干洗机的某个系统出现损伤和事故，则须另当别论。如水冷管路漏水、冷凝器漏水、蒸馏箱"冒锅"等。

2. 干洗机内水分的洗涤作用和负面影响

（1）干洗机内水分协同干洗助剂的洗涤作用　衣物上的水溶性污垢和一些其他污垢在干洗过程中是能够洗掉许多的。人们公认这是干洗助剂的作用，而干洗助剂发挥作用的前提是干洗机内含有一定的水分。干洗助剂的主要成分是表面活性剂，没有水就没有表面活性剂的工作条件。因此，干洗机内水分起着很重要的洗涤作用，尤其是洗涤水溶性污垢和其他污垢。

（2）干洗机内的游离水分　当干洗机内水分比较多的时候，就会有一部分水成为游离水。这些水分既没有均匀地分布在衣物上，也没有溶解在溶剂中，而是以水的微滴状态单独存在于干洗机内。这时，虽然是在进行干洗，但是由于衣物的受力环境与水洗机的洗涤环境相似，那些不适合使用水洗机洗涤的衣物就会受到损伤。因此一些洗衣企业曾经出现过干洗衣物抽缩变形的现象，有的甚至发生粗纺呢绒衣物干洗后大面积缩绒的现象，等等。

游离水的产生是由于干洗机内长期湿度较高而未能及时清理，其危害和影响是多方面的。干洗过程的许多负面影响都与干洗机内湿度高或其他因素相互交错、重叠有关，具体情况将在下面各个条目中叙述。

（3）干洗机内湿度过高对干洗衣物的影响　当干洗机内湿度过高但是尚未产生明显游离水的时候，干洗机内水分是处于较多的情况，这时最容易出现的是干洗"机内污染"。也就是在干洗一些浅色衣物时，受到某些洗掉脱落下来的水溶性污垢沾染，形成条状黑灰色污渍。这种污渍的沾染也叫作"干洗二次污染"。

同样属于干洗机内污染的还有浅色衣物洗涤后发灰。造成浅色衣物干洗后发灰的原因较多，而主要源于干洗机内湿度过高，往往经过再一次干洗就能够明显好转。

干洗机内湿度高还会反映在对水比较敏感的一些纺织品上，如黏胶纤维织物，在湿度过高的情况下同样会发生较大幅度的缩水。

（4）对四氯乙烯酸化的促进作用　干洗机内湿度过高还为四氯乙烯酸化创造了有利条件。由于四氯乙烯在储存和使用过程中具有酸化的倾向，干洗机内水分与逸出的氯离子生成稀盐酸，腐蚀干洗机的各个部件，烘干冷凝器、蒸馏冷凝器和气体管路等部件则深受其害。北京某宾馆在 20 世纪 90 年代大修干洗机时，曾清理出数十千克铁锈，这正是干洗机内的水分为酸化四氯乙烯推波助澜的结果。

3. 干洗机内的水分平衡与控制

尽管我们反复阐述干洗机内水分过多的种种弊病，但当干洗机内水分太少的时候也会带来一些问题。因为干洗机内的水分有着正负两个方面的作用，所以干洗机内水分问题的焦点实际上是水分的平衡。

（1）干洗静电的产生与消除　如前所述，干洗机的每一个工作循环结束时，干洗机内水分处于最低值。这时干洗机内部处于非常干燥的状况，机舱内布满静电，衣物上也会聚集较多的静电，给干洗后的各个工序带来许多不便。同样由于静电的原因，一些衣物会吸附许多纤毛和灰尘，使干洗后的洁净度大大降低。其中浅色衣物所受到的影响最大，甚至因此造成质量争议和投诉。

由于干洗机是集机械、电器和电子于一体的较为复杂的设备，干洗静电在某些时机也有可能成为引发事故的隐患。

目前，国内外为洗衣业提供各种助剂、去渍剂的厂家，都供应有消除干洗静电的干洗添加剂。如福奈特干洗抗静电剂，由于能够为干洗后的衣物保有一定的水分，从而可以有效地消除干洗静电。

（2）防止干洗机内湿度过高的措施　干洗机内的水分过高会带来种种不利因素，因此防止湿度过高就成为必须考虑的措施。国外曾有人采用在纽扣收集器中加入粉笔的办法帮助吸收水分，但这是杯水车薪，远远不能满足机内不断增长的水分的需求。综合多年实践经验和分析，我们总结出如下措施用于防止干洗机内湿度过高。

① 根据干洗机所处地区和使用季节，制订干洗溶剂脱水处理周期制度。按时将干洗机内各个容器中的干洗溶剂全部重新蒸馏。保持干洗溶剂中和各个储存干洗溶剂的容器中以及各种管路中没有多余水分。

潮湿的地区和季节，脱水处理周期要短一些，2～3 个月进行一次即可；而干燥地区则可以延长一些时间，但是至少要每年进行一次脱水处理。

② 干洗前的预处理要尽可能降低添加的水分量，干洗助剂中也不要加入过多水分。预处理后的衣物要保持相对比较干燥的状态。含水多的衣物不宜立即投入干洗机中进行干洗。

③ 监测储液箱视窗的溶剂情况，如溶剂表面有浮水现象，应立即把储液箱溶剂全部进行蒸馏。

④ 为了不使干洗机内进入过多的水分，并有利于经营场所衣物的干燥，洗衣车间要加强通风，环境湿度不宜过高。

（3）干洗机内的水分平衡　除了干洗机内水分不宜过高以外，干洗静电也是不可忽视的问题。干洗机烘干过程接近结束的时候，就是充满干洗静电的时候。这时，干洗机舱内、舱门、即将出车的衣物等都充满了干洗静电。衣物上也因此吸附了一些干洗过程中脱落的灰尘和纤毛。由于干洗静电自身的粘吸反应，衣物的洗净度受到影响。干洗抗静电剂可以使衣物保留一定的水分，并使衣物保持轻盈柔软的手感，还可以防止浅色衣物吸附过多的纤毛、灰尘。

第三节　干洗的优势

一、去除油污的优势

通过上述关于干洗洗涤去污的基本原理可以知道，干洗技术的主要优势是去除油性污垢。在人们衣物上经常沾染的油性污垢包括：人体分泌的各类油脂类分泌物；各种食物含有的动物油脂、植物油脂；各种日用品（化妆品、润滑油、文化用品等）中含有的各类油脂。

此外，衣物上还可能沾有生活环境和工作环境中的烟气性油脂污垢。

上述这些油脂性污垢都会在干洗中得到很好的去除。

二、保持衣物形态的优势

由于干洗衣物的大环境是干洗溶剂，干洗机内水分非常有限。因此，不会对各种纤维以及面料辅料造成浸润或溶胀。由于衣物的面料、里料以及各种衬料所使用的纤维不同，在接触水以后的变化也会各不相同。而干洗环境可以把水对衣物的影响降到最低，所以，干洗具有保持衣物形态的优势。

三、保护衣物颜色的优势

纺织品的染色大多数是在水中加工完成的，所使用的染料大多数也是水溶性的，因此，水洗洗涤发生掉色的可能性大大增加。而干洗环境中水分非常少，因此干洗过程中衣物掉色的可能性也大大降低。所以干洗洗涤对于衣物的颜色具有一定的保护作用。

第四节　对干洗技术认识上的误区

干洗技术仅有一百多年的历史，水洗洗涤则已经应用了几千年，而国内现代干洗仅有二十多年的历史。所以，在人们的认识中干洗技术是非常先进的洗涤技术，是一项新技术，是具有较高科技含量的洗涤技术。这种认识虽然有一定的道理，但有一些偏颇。最大的认识误区是对水洗技术与干洗技术的价值评判，认为水洗技术低级、技术含量低、技术落后，甚至认为水洗技术不如干洗更科学等。

实际上，干洗技术只是应对那些应该使用干洗洗涤的衣物，它既不是"包打天下"的最科学的洗涤方法，也不是完美无缺的洗涤方法。

不少人认为干洗方法要比水洗方法更高级、更科学、更先进，这是典型的对干洗技术认识上的误区。衣物上大量存在的污垢是水溶性污垢，只能通过水洗洗涤才能洗涤干净。干洗与水洗在技术上没有高低之分，也没有先进与落后之分，只是适用的污垢不同而已。

第二章
干洗溶剂与助剂

洗涤溶剂是指能够去除污渍的物质。自然界有些物质如皂荚、菜籽饼等具有洗涤去污性能,称为天然洗涤溶剂。除天然洗涤溶剂和肥皂外,人们用合成的方法生产了各种合成表面活性剂,合成洗涤溶剂用于水洗。随着洗涤技术的发展,有机溶剂被广泛用来代替水洗。以有机溶剂为基本组分配制成的洗涤剂称为干洗溶剂。本章介绍干洗溶剂与助剂。

第一节　干洗溶剂

干洗溶剂用于洗涤毛料、丝绸等高档服装及衣料,具有不损伤纤维,无褪色、变形等特点,能使服装自然、挺括、丰满。干洗剂的种类很多,就外形来区分,有膏状和液态两种。膏状干洗剂多用于局部油污的清洗,而对于整体衣料的洗涤须用液体干洗剂。液体干洗剂的基本组分为有机溶剂,其余为表面活性剂、抗污染剂、溶剂稳定剂等。

干洗不仅要求有机溶剂有较强的溶解油污能力和洗涤污渍的能力,而且应无毒(低毒)、安全可靠、不腐蚀衣物和设备。从经济合理、毒性较小、洗涤性好等方面考虑,常用的有机溶剂有石油系溶剂干洗溶剂和四氯乙烯干洗剂,其特性见表 2-1。

表 2-1　干洗溶剂及其特性

特　性	四氯乙烯干洗溶剂	石油系溶剂干洗溶剂
外观	透明	无色透明
沸点/℃	121	150～200
密度/(g/mL)	1.62	0.75～0.80
相对密度	—	0.80～0.87
闪点/℃	—	38～64

特　性	四氯乙烯干洗溶剂	石油系溶剂干洗溶剂
凝固点/℃	−22.4	—
蒸馏范围	120～122℃，可蒸馏出总量的96%	170～270℃
纯度/%	99.9	—
其他	不挥发成分<10mg/L 挥发后无残留气体 含水量<30mg/L	油性物 KB 值：31～35 表面张力：25～27N/m

一、四氯乙烯干洗溶剂

四氯乙烯又名全氯乙烯，分子式为 C_2Cl_4，KB 值 90。

主要特点：

① 可溶解物质范围比较宽，能够溶解各种油脂、橡胶、聚氯乙烯树脂等。适合洗涤常见油性污垢，干洗洗净度较高，但会对某些织物后整理剂或服装附件造成损伤。

② 不燃、不爆、无闪点，使用过程安全可靠。

③ 沸点低，容易蒸馏回收，便于溶剂的更新利用。

④ 属于中等毒性有机溶剂，容易控制对使用者和使用环境的影响。

⑤ 需要控制干洗环境的气体浓度，防止操作者吸入超标。

⑥ 四氯乙烯使用后的废渣渗入水系污染环境，需要进行无害处理。

⑦ 四氯乙烯在阳光、水分和较高温度条件下，具有酸化倾向，不宜较大量长时间储存。

由于四氯乙烯有酸化的倾向，使用四氯乙烯的干洗机要注意防酸化处理。一些洗染业化工原料供应商备有专门的干洗机防酸剂；也可以使用纯碱制成防酸包，放在每个储液箱和蒸馏箱中，并需要每半年至一年予以更换。

纯碱防酸包的制作方法：使用质地比较稀薄的棉布制成较为宽松的口袋，装入 300～500g 干燥的纯碱，缝合后即可使用。

二、碳氢干洗溶剂

碳氢干洗溶剂为石油烃产品，是石油烃的混合物。目前国内使用的牌号大多是 D40 或 DF2000，也有少数其他牌号，基本上大同小异。

主要特点：

① 溶解范围相对窄一些，干洗洗净度稍差。对各种织物后整理剂和服装附件没有影响。

② 易燃、易爆，使用时必须严格控制温度、压力，确保使用安全。

③ 中低毒性，但也要对使用环境的气体浓度严格控制，以防发生工作场地空气污染。

三、其他干洗溶剂

除四氯乙烯和碳氢溶剂以外，在已经强制淘汰的干洗溶剂中还有三氯三氟乙烷等含有氯氟烃类的干洗剂。目前仍然有极少数企业还在使用。

一些企业曾经推出类似四氯乙烯的替代品，实际上仍然未能突破原有四氯乙烯的范畴，没有真正意义的创新。

第二节　干洗助剂

干洗助剂是干洗洗涤助洗剂的简称，通常所说的"枧油"几乎是干洗助剂的代表。但是干洗助剂是有很多品种的，不同的洗涤助剂供应商生产销售不同的干洗皂液、干洗皂油以及干洗强洗剂等。

干洗助剂中主要含有阴离子表面活性剂、非离子表面活性剂、有机溶剂和水。它与干洗溶剂要有一定的兼容性，才能够起到在干洗条件下去除水溶性污垢的作用。

一、干洗助剂种类

1. 四氯乙烯体系

衣物上的污渍或杂质、污物各不相同，必须采用相应的手段和助剂方能洗涤干净。常用的干洗助剂有以下几种。

（1）干洗枧油　干洗枧油也称清洁剂、干洗皂油。它能去掉顽固的不可溶污物和水溶性污物。干洗枧油为表面活性剂，它对污物的吸引力比服装要大，因此能使不可溶的污物与服装分离，并防止其重新沉积在服装上。作为助剂它带有一些水分，有助于去除水溶性污物。枧油的亲水性将使水分分散，并使这些水分经干洗剂到达水溶性污物上，可使被水软化或溶解的污物悬浮，经过过滤循环带出，防止服装颜色发灰。

干洗枧油的使用方法视品种不同而不同，有一次性注入式和连续补充式。阴离子型、非离子型的清洁剂都采用一次性注入式。一次性注入式为制造商已经添加好清洁剂的干洗剂，它主要用于投币式干洗机，也可用于专业干洗。

连续补充式须有一个单独的储存箱，在箱内盛清洁剂。在干洗系统运转的过程中不断测试，必要时补充，使过滤器、滚筒和溶剂箱内的枧油浓度保持不变。

图 2-1 所示为干洗枧油加入量与去污率之间的关系。浓度越高，去除污渍越多，但最高不要超过 1%。超过 1%，去污率上升甚微，反而使溶剂中的含水量增加，因此，浓度保持在 1%为最优量。

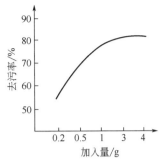

图 2-1　干洗枧油加入量与
去污率之间的关系

（2）过滤粉（又称硅藻土）　这是一种微小的海洋植物化石残留物，有多种结构和尺寸的粉状晶体，其不规则的晶格形状形成了一个小小的空隙，既可保证干洗溶剂有效地流过过滤网，又能过滤溶液中的污垢及泥土，保持干洗剂的清洁，维护其清洁能力。由于它能在过滤网上聚积成饼状，在过滤网被一层滤出的污泥堵塞时，能不断地形成新的多孔层，所以具有强力隔滤的效果。它的化学性能稳定，不溶于溶剂，不能去掉可溶性污物；它能直接加入待洗的衣物中，而不会使服装沾满灰尘。

使用方法：每次洗衣前从干洗机中的纽扣收集器加入，预涂层的加入是在不清洁的溶剂通过网孔之前，在滤盘上或过滤网上涂一层薄薄的过滤粉末，能在一开始有杂质通过时，立即提供一个直接的过滤粉层，以防止孔被堵塞。涂层量根据过滤器的尺寸来定，$3 \sim 4 m^3$ 的流量加入 5kg 左右。每次洗衣前按 20kg 干洗衣服加 0.1～0.2kg 过滤粉，加入后迅速过滤循环。若服装特别脏，则相应地多加过滤粉。

（3）活性炭粉　活性炭粉是一种活化的有机物，经过细磨、加热、活化，成为细小的多孔颗粒，它具有像棉花一样表面积大的特点，$1 m^3$ 活性炭的表面积有 $1020 m^2$。由于活性炭粉在过滤网上形成稠密层并且会很快产生过滤压力，它可用来除掉溶液内的脂、酸、染料、有色物和其他有气味的东西，以及清除悬浮的色料。

使用方法：使用活性炭之前，过滤网上必须预先涂上过滤粉，活性炭以泥浆的形式加入纽扣收集器。大多数卡式系统内部装有活性炭，也可以买到一种全活性炭的滤芯，作为一个小直径卡式系统的一部分，装在单独的有阀的壳体内。活性炭的用量根据洗衣的量、工作形式和制造商的建议加入，一般按服装量的 300∶1 加入。如果直接加入，会弄脏衣服，加完炭粉要迅速循环，并建议先试洗深色服装。

（4）脱硫粉（又称斯威登粉）　脱硫粉是一种活性白土，与可溶性的污物化学结合，其物理性质主要为吸附性，因此可除掉可溶性的杂质，如去污剂、脂肪酸与染料等。因其晶格更规整，所以比一般过滤粉更易、更快地对过滤器形成压力，且比过滤粉重 2 倍。

使用方法：不能和服装加在一起，否则易粘上尘土。一般与过滤粉同时加入过滤器，每过滤 $3 \sim 4 m^3$，须加入 1.5kg 左右的斯威登粉。

（5）稳定剂 使用四氯乙烯干洗剂时，在有水存在的情况下，其分解产物对干洗设备有腐蚀作用。因此，要选用一些含氧的化合物来作稳定剂，以减缓腐蚀作用。常用的稳定剂有三氧杂环乙烷、亚烃基甲烷等。某些醇类，如叔戊醇、异丁醇，也可作稳定剂，它们不仅能减缓腐蚀，还具有抗污垢再沉积的性能。

（6）抗静电剂和柔软剂 加入柔软剂是为了降低织物纤维之间的摩擦力，改善织物洗后的手感和触感，因此在干洗剂中要加入具有抗静电性能的柔软剂。使用时，应该按照产品使用说明书的要求用量加入干洗剂中。毛、聚丙烯和其他纤维织物干洗时，加入抗静电剂和柔软剂后，其手感柔软，抗静电效果较好。

（7）灭菌剂 灭菌剂能有效地杀灭各种残留在四氯乙烯溶剂中的有害细菌。在连续蒸馏时，应将其加入到机器的二次浴洗溶剂中。每次蒸馏时，要将过滤器内溶剂一起进行蒸馏。

干洗助剂品种较多，使用时可按需要加入一种到数种。

2. 石油系溶剂体系

用于石油系溶剂洗涤的助剂有普通型、复合型和辅助型三种，性能和使用方法如下。

（1）普通型（枧油） 由阴离子与非离子表面活性剂组成，对水溶性污渍的洗净度较高，增柔、防静电性较弱，其添加量为溶剂的 0.5%～1%，用于前处理剂，也可以加入干洗液中。

（2）复合型（柔软抗静电剂） 由阴离子和非离子表面活性剂组成，抗静电、增柔性能强，但去水溶性污渍能力差，添加量为 0.5%～1%。加在干洗液中，机洗时使用。

（3）辅助型（柔软抗静电灭菌剂） 由阴离子和特殊处理表面活性剂组成，主要用于增柔、抗静电及杀菌。添加量为 0.5% 以下，放入干洗液中，在机洗时使用。

在使用石油系溶剂的干洗助剂时应注意以下事项：①干洗助剂加入干洗机后，因同一溶剂在洗涤过程中反复使用，使之浓度降低，故在洗涤过程中应经常检测其含量，随时添加，以确保在洗液最佳状态时洗涤。②一般情况下，如同时加入阴离子型助剂和阳离子型助剂，会削弱各种效果，有时会导致过滤器气压升高，故在加入不同的离子型助剂时，应分别在不同的洗涤阶段进行。③在洗涤时应随时调整助剂的用量。用量不宜过多，以防止衣料发生粘连现象。

二、干洗助剂的使用方法

干洗助剂的使用方法大体上有两种。

（1）加注在干洗机内 这种方法会使干洗助剂的消耗量较大，每次干洗需要按照干洗溶剂的容量按比例加入，一般是每升干洗溶剂加入干洗助剂 2～5mL。

（2）干洗前对重点污垢进行涂抹预处理　使用时在干洗助剂内兑入不超过一倍的软水，搅匀后使用。这里要说明的是，加入的水分越多影响衣物颜色的可能性越大。对于纯毛粗纺呢绒还有可能造成干洗后缩绒。

此外，一些人习惯在调配干洗助剂预处理剂中加入一定比例的四氯乙烯，其实完全没有必要。干洗机内已经存在大量的干洗溶剂，预处理时的干洗剂起不到任何洗涤作用，反而会造成工作环境的污染，危害操作人员。

第三章
干洗工艺与技术

干洗是使用化学溶剂对织物进行洗涤。它以挥发性的溶剂作为去污的主体物质和洗涤媒介，配以适当的干洗助剂进行去污，并进行脱液和烘干。干洗的洗涤程序为：衣物检验→分类→预去污处理→干洗→检查及后处理。

干洗剂不同，工艺过程不同。根据常用的干洗剂种类，可将干洗工艺分为四氯乙烯干洗工艺和石油系溶剂干洗工艺两大类。这两类干洗工艺的洗涤工艺过程相同。通常将衣物检查、分类、预去污处理（即去渍）称为前处理，干洗后的检查及去渍称为后处理。

因为洗涤衣物的材料质地、颜色和脏污程度不同，以及污渍的性质不同，所以洗涤方法也有所不同。洗涤方法一般分为四种：一次洗涤法、二次洗涤法、浸泡法、特种洗涤法。

（1）一次洗涤法　一次洗涤法是指对洗涤物进行一次洗涤。这种洗涤法适用于脏污程度一般、颜色较深的衣物。

（2）二次洗涤法　二次洗涤法是指对洗涤物进行二次洗涤。在第一次洗涤脱液后，不需要烘干，用另一箱洗涤剂进行二次洗涤、高速脱液，然后烘干。这种洗涤方法适用于脏污程度较严重和颜色较浅的衣物。

（3）浸泡法　浸泡法是指在洗涤前先将衣物放入内胆用洗涤剂浸泡一段时间，然后采用一次、二次洗涤法进行洗涤。这种方法适用于脏污严重的衣物。

（4）特种洗涤法　特种洗涤法是指在洗涤之前对管路、内胆、外缸等用洗涤剂（Ⅱ号箱或Ⅰ号箱）加以清洗，然后装入衣物用清洁洗涤剂洗涤，再用清洁干洗剂漂洗、高速脱液、烘干。这种洗涤法适用于浅色和白色衣物或高档贵重衣物的洗涤。

第一节 干洗工艺概述

一、服装分类

干洗服装也如同水洗洗涤一样，洗前需要分类。干洗前分类原则与水洗洗涤也有相似之处。

1. 依颜色不同分类

干洗虽然与水洗不同，但是仍然可能在洗涤过程中发生颜色串染现象。把不同颜色的衣物分别洗涤仍然是基本原则。干洗至少应该分成三类：白色和极浅色；中深色；黑色、深色、重垢。

当干洗衣物数量较大时，还可以细分为五类：白色、极浅色；中色；深色；重垢；红色、紫色系列色。

2. 依纤维组成不同分类

① 由于使用干洗助剂的调配处方不同，一般把蚕丝织物、羊绒衫等娇贵的衣物分开洗涤。

② 以化学纤维为主要成分的衣物与纯毛衣物的承受能力不同，也应该分开洗涤。

3. 依体量大小不同分类

大体量的衣物如呢绒大衣、粗纺花呢风衣等，与小体量衣物如围巾、手套、马甲等需要分开洗涤。

4. 依污垢量多少分类

遇有污垢量较多的衣物，为避免污染其他衣物也应该分开洗涤。

5. 特殊衣物个别处理

带有裘皮附件的衣物，带有各种装饰物和真丝绣花的衣物，还有各种类型的婚纱等，除了应该分别洗涤以外还需要进行专门的保护处理。

二、干洗方法

1. 一浴法干洗

一浴法干洗是指在干洗机内衣物与干洗溶剂一次接触洗涤，时间一般为 5～15min，常用干洗时间为 8～12min。根据衣物的材质、颜色、污垢量等因素既可以采用过滤循环洗涤，也可以采用泵循环洗涤。

一浴法干洗具有节省时间、减少蒸馏次数、降低能源消耗等优点，但是洗净度远不如两浴法高。

2. 两浴法干洗

两浴法干洗洗涤时衣物两次接触干洗溶剂。两浴法的干洗工艺一般为第一次采用较低液位，较少时间（一般为 1.5～3min）进行预洗。排掉干洗溶剂后，再一次采用干净干洗溶剂、较高液位和较长时间（一般为 8～12min）进行主洗。

两浴法干洗具有洗涤洁净度高、干洗质量好、干洗后衣物状态好等许多优点，但是干洗溶剂和能源消耗相对比较高。

三、干洗溶剂的过滤与蒸馏更新

为了充分利用干洗溶剂的洗涤作用，干洗机都具有洗涤过程中的喷淋功能。干洗机洗涤工作中，利用溶剂泵强制干洗溶剂进行循环，向干洗滚筒内喷淋干洗溶剂，此过程称作循环洗涤。循环洗涤共有两种类型。一种叫作"泵循环"，就是通过溶剂泵让干洗溶剂不断流动，并且向干洗滚筒内喷淋干洗溶剂。另一种叫作"过滤循环"，就是在干洗溶剂循环过程中通过过滤器，使干洗溶剂洗涤下来的非溶解性污垢被过滤器吸附，用以提高洗净度。

干洗溶剂的过滤使得非溶解性污垢得以从干洗剂中分离，但是溶解在干洗剂中的油脂性污垢则需要通过干洗剂的蒸馏才能予以分离。

开启式碳氢溶剂干洗机不具有蒸馏功能，只能通过反复过滤使干洗溶剂稍微洁净一些。高端碳氢溶剂干洗机配置了溶剂蒸馏功能解决了这一问题。

开启式四氯乙烯干洗机都具有蒸馏功能，但是溶剂消耗量较大。封闭式四氯乙烯干洗机由于配置了强制回收溶剂的制冷系统，溶剂的消耗量和外排量都大大降低（为开启式干洗机的 1/10～1/7）。

四、干洗的基本工艺过程

1. 自动干洗程序

具有一定水平的干洗机都设置有不同的自动洗涤程序。少一些的有 6～8 个自动程序，多一些的可达 20 个自动程序。一般设有：

① 标准干洗程序。

② 柔和干洗程序。

③ 白色衣物干洗程序。

④ 浅色衣物干洗程序。

⑤ 少量较洁净衣物干洗程序。

⑥ 少量重垢衣物干洗程序。

⑦ 重垢衣物干洗程序。

⑧ 快捷干洗程序。

⑨ 干洗机自维护程序等。

2. 程序选择与操作

根据各种衣物的具体情况选择和确定相应的程序。程序选定以后依次进行下列操作处理。

① 洗前衣物检验、分类。

② 预去污处理。

③ 装机干洗。

④ 出机、检查及后处理。

第二节　干洗前的预处理

干洗前的预处理，也称为前处理。干洗前的预处理有两种类型：

一是干洗前分类时发现的明显重点污垢，需要进行预去渍处理，选择适合的去渍剂去渍。去渍后，考虑去渍剂与干洗溶剂未必具有兼容性，因此要把去渍剂清理干净，然后才能进行干洗。

二是没有明显重点污垢的衣物，可以采用较为简单的预处理方法。即在衣物的污垢处涂抹干洗助剂，待水分大部分挥发后投入干洗机洗涤。

一、衣物检查

衣物检查指衣物放入干洗机转笼前的检查，是对衣物洗前分拣的复查和进一步细化，以确保良好的洗涤效果。衣物检查的工艺流程如下：

1. 检查服装完好性

将有破损、褪色和染色现象的衣物分拣出来。

2. 检查服装内有无污染性物质

检查服装内是否有污染性物质（例如唇膏、钢笔、圆珠笔、染色物品等），以防在干洗过程中污染同批洗涤的衣物。

3. 检查服装上的饰物

例如胸花、金属纽扣、金属类饰物或其他尖锐性的东西等，以防影响洗涤或伤害衣物。这类东西最好在洗前全部拆下，洗后再缝上。对于形状规则的饰物可以用铝箔密封包着洗涤。

4. 检查待洗衣物上是否有易被四氯乙烯损伤的部位

这些部位主要有：

① 聚丙乙烯纽扣溶于四氯乙烯，纽扣表面会失去鲜艳的光泽，形成溶化痕迹。可在纽扣表面用四氯乙烯滴试，若有溶化现象发生，应在干洗前将纽扣全部拆下，洗后再缝上。

② 衣物上的仿皮物质大部分是人造皮革制品，经四氯乙烯洗涤、烘干，会变得僵硬而收缩。若发现衣物上有此类物质应向顾客说明，征得顾客同意后再进行洗涤。

③ 衣物上的油漆类饰物及油漆印刷图案经过四氯乙烯处理会受到严重损害，应及时向顾客交代说明。

④ 金属片、珠子饰物也存在被损坏的可能。在检查时应以四氯乙烯做滴试，如起化学反应应立即拆下。

⑤ 绒类织物经不起机械力的作用，会被磨损。在干洗前应该用干净的白布蘸上四氯乙烯在衣物的不显眼处做擦拭试验，若有化学反应则不可以干洗且应向顾客说明。

⑥ 较旧的深颜色衣物应做耐心细致的检查，发现有可能掉色的现象，应向顾客说明。

二、服装分类

分类是对前台分类工作的复查和进一步细化，以确保衣物洗涤的安全和最佳洗涤效果，提高工作效率。分类的方法有两种。

1. 根据干洗的特点分类

（1）按同一种机械力作用对织物纤维的影响分类　纤细的衣物面料只能承受较缓的机械作用力，可以运用高液位；较厚实的衣物面料可以承受正常的机械力作用。如果把纤细的织物与厚实的织物分开，可预防纤细织物表面起皱纹、被擦伤等现象。

（2）按织物面料在脱液状态下的不同反应分类　不同的织物能承受的脱液力作用程度不同。在清洗醋酸纤维类的衣物时，只需把溶剂排尽，并不需要脱液即可直接进入烘干阶段，若经过高速脱液阶段，会令它产生褶皱或损伤。厚薄不一的衣物混洗后脱液，必须迁就厚实衣物而使用相对长的脱液时间，这样就会使薄衣物产生较严重的褶皱，不利于衣物整烫，还会对其织物结构有不良影响。

（3）按不同的织物需要不同的洗涤时间分类　比较纤细的衣物，可以采用较短的洗涤时间；而结构紧密的衣物，洗涤时间没有严格的要求。

（4）按不同的织物面料需要不同的烘干温度和时间分类　比较厚实的毛料大衣，需要较多时间、高温才能达到好的烘干效果；纤细的衣物，例如丝绸或缎类，只需较低的烘干温度和比较短的时间。厚薄不一或质料不同的衣物混合烘干，会使那些薄衣物或对温度敏感的衣物过分受热，产生不良后果。

（5）按不同的质料及结构的衣物所受安全湿度范围不同分类　不同织物在安全范围内承受不同的相对湿度，相对湿度太高或不足都可能会产生收缩、变形、渗色、起皱等不良现象或某些水溶性污垢去除得不彻底。

2. 根据衣物的特点分类

（1）按织物颜色分类　衣物可分成白色、浅色和中等浅色、中等深色和暗色、可能掉色的同类同颜色织物 4 类。这种分类可以预防颜色污染，合理使用干洗溶剂。例如洗涤白色织物或相对浅色的织物，就必须使用蒸馏干净的干洗溶剂；同时，也可避免污垢的再沉积现象。浅色与中等浅色是指浅蓝、浅灰、粉红色、米色等颜色；中等深色是指灰、蓝、绿等颜色；暗色是指红、紫、墨绿、棕、黑色等颜色。

（2）按织物结构分类　可把衣物分为普通织物、纤细织物、厚实织物、毛衣类织物。不同结构的织物在干洗中处理的方式不同。对于纤细织物，可以选择比较高的溶剂液位、相对短的洗涤时间，以避免其因受到不合适的机械作用力和作用时间而受损；对于某些极为纤细的织物，例如花边、网纹、通花等，则需要把其放入网袋后投入干洗机中洗涤，同时也应选择高液位和短的洗涤时间，使其避免受到过激的机械作用力的影响；对于毛衣类织物，则必须分开洗涤，避免因静电作用使纤毛沾在其他衣物上，以及避免受到过大的机械作用力的影响，毛衣应装入网袋后再投入干洗机洗涤。

（3）预去渍处理　这是指衣物在进入干洗机转笼前对其特殊部位（污渍严重处）提前做局部处理的过程。如果未做预去渍处理而直接进行干洗，有些污渍不但洗不掉，而且在烘干阶段会因热力作用而固化成顽渍不易去除。

第三节　四氯乙烯干洗工艺

一、准备工作

1. 根据洗涤机械的特点及服装的特性确定使用方法

包括确定洗涤量、确定洗涤服装面料的种类和确定相应的洗涤工艺流程等。

2. 检查各种外界条件是否满足工作要求

如供水、供电、供气以及压缩空气气源是否能满足使用要求等。如果各项外部条件均满足设备的使用要求，就可以向设备供水、供电、供气，使机械设备处于使用前的准备工作状态。

3. 检查洗涤溶剂的质量与数量

检查洗涤溶剂的质量能否满足使用要求，洗涤溶剂数量是否充足。

4. 检测设备的功能

可直接利用检测程序或功能进行检测。如果设备不具备自动检测功能，可按照用户手册或说明书中规定的方法完成检测工作，以保证使用安全。

5. 检查安全保护装置的功能

开机之前按照设备制造商提供的方法，检查安全保护装置的功能是否完好。

二、干洗操作的基本要求

① 洗涤前，应特别注意对被洗衣物进行分色。一般先洗涤白色服装，再洗浅色服装，后洗深色服装。这样，洗涤液可重复使用，能延长溶剂的再生蒸馏周期，同时能保证服装的洗净度。洗涤前还要将被洗衣物分类，分类主要根据洗涤物的密度和质地进行，这样可以避免因面料密度不一而导致烘干程度不一致，避免因织物的质地不一致而对烘干温度的要求不一致。

② 长条物（如领带）或只能轻洗的织物，应该装入洗涤网袋洗涤。

③ 洗涤时不要超载也不应装得过少，否则设备会因洗涤物过少发生偏载，工作时产生振动。

④ 处理洗涤溶剂时应戴上手套和口罩。

⑤ 定时、定期做好蒸馏箱、过滤器的清理和保养。

⑥ 经常做好干洗机回收装置进气口滤网和收集器过滤装置的清洁工作。

⑦ 经常检查各种安全装置和检测装置是否完好，供水压力、蒸汽压力以及压缩空气都必须满足设备的使用要求。

⑧ 设备的总电源线应符合设备总功率的要求，电源电压、频率必须符合该机的规定值。

⑨ 机械运行期间，无论是自动还是手动，都应观察其工作状况，若有意外应马上切断电源、水源和蒸汽源。

⑩ 每日洗涤结束后，关闭电源，用手检测电动机及传动部件是否出现异常，最后关闭冷水阀和蒸汽阀。

三、注意事项

① 在蒸馏箱温度低于35℃时才能打开蒸馏箱门。正常蒸馏工作过程中，严禁开

启蒸馏箱门，否则会导致严重的伤害事故。

② 经常检查风机、液压泵、过滤器等是否有漏气、漏液现象。

③ 注意四氯乙烯的 pH 值，应保持 pH 值为 7～9。测试时，试样从油水分离器排出的废水中提取。

④ 电加热干洗机。如果电加热蒸汽发生器与干洗机为一体，应该注意是否缺水，避免干烧损坏电热装置。

⑤ 烘干加热器如果属于直接电加热式，要特别注意烘干加热温度和对应的温度控制装置是否有效。

⑥ 特别注意干洗机房内的通风，以预防四氯乙烯浓度超标对人体造成危害。

⑦ 含有橡胶、塑料、海绵、蜡等受热易变形物质的服装或容易因受热而收缩变形的服装，不要使用干洗机洗涤。

⑧ 在使用过程中，要注意安全，防止烫伤和触电。特别是电加热式干洗机，更要做好防水、防爆工作。

装衣后开始洗涤，还可参照表 3-1 进行必要的对照检查。

表 3-1　干洗操作对照检查

项　目	优秀	良好	一般	差
相对湿度/%	75	—	—	≤65 或≥85
清洁剂的质量分数/%	1	—	—	0 或≥3
脂肪酸量/滴	8～12	13～20	21～29	≥30
透光度/%	≥75	>65	>55	≥55
过滤流量/min	<1	<1.5	<2	>2
蒸馏量/L	≥45	≥40	≥35	≤30
干洗剂温度/℃	20～30	—	—	≤20 或≥32
烘干温度/℃	≤55	—	—	≥65

注：1. 相对湿度：指干洗机内部空间空气中的相对湿度。

2. 脂肪酸：表中的滴数是指脂肪酸试剂加到一定量溶剂中使溶剂变色的滴数。

3. 透光度：光线透过溶剂后占原光线的百分比，溶剂清洁的一种表示方法。

4. 过滤流量：将筒体内溶剂过滤一次所需的时间。

5. 蒸馏量：每洗涤 50kg 服装溶剂的蒸馏量。

四、服装常用干洗工艺流程

可根据服装类型分为四类，见表 3-2。

（1）丝织品或棉、麻织物　丝织物或棉、麻织物的干洗工艺流程，根据季节不同有两种。

表 3-2　服装常用干洗工艺流程

衣物	洗涤方法	洗涤过程
丝织物或棉、麻织物	春、夏季节可采用加料干洗法	① 准备溶剂。把符合筒体里高液位的干洗剂用液压泵抽进筒体。根据服装的情况，加入不大于服装量 0.25%～0.3%的水（如果空气湿度较大，可不加水）和 1%～4%的干洗剂（如椒油），然后开启小循环系统 30s，再把准备好的干洗剂泵回工作溶剂缸内备用 ② 装衣入机。把经过预处理的服装放入干洗机，关好门 ③ 泵剂入筒。控制液压泵，把已准备好的干洗溶剂泵入洗涤筒体到高液位（相对满负荷量在 70%以上） ④ 洗涤。开启正、反转洗涤，启动液压泵对洗涤液进行过滤循环，这个过程约为 4～6min ⑤ 漂洗。把洗涤液压泵回工作溶剂缸（或蒸馏箱），再从清洁溶剂缸输送溶剂进入筒体至高液位做漂洗处理，时间为 2min ⑥ 高速脱液。把洗涤液输送至工作溶剂缸，高速脱约 30～50s（视服装多少及薄厚而定） ⑦ 烘干。在 45℃下烘干服装约 15～25min（视服装量而定，如属全封闭制冷回收，时间约为 10～15min） ⑧ 冷却。冷却（排臭）处理，时间约为 3～5min
	秋、冬季节可采用二次干洗法	参照上述的"②装衣入机～⑧冷却"步骤，不需要准备溶剂，直接抽取清洁溶剂清洗，并加入 1%的干洗洗涤剂即可
普通服装	二次干洗法	① 分类去渍。根据被洗服装质地、颜色、厚薄将服装分类，做预去渍处理 ② 装衣入机。将同一类的被洗物放入干洗机中，启动液压泵，把清洁溶剂输送到筒体至低液位，在纽扣收集器中，加入服装量 1%的干洗洗涤剂 ③ 洗涤。正、反转洗涤，用泵把洗涤液经过过滤器循环，洗涤时间为 5～6min ④ 高速脱液。把洗涤液压泵至蒸馏箱，高速脱液 1min（视服装情况而定） ⑤ 洗涤。再向筒体泵入清洁溶剂至低液位，用泵把洗涤液经过过滤器循环，洗涤时间为 2～3min ⑥ 高速脱液。高速脱液 1.5～4min（视服装情况而定） ⑦ 烘干。在 55℃下烘干，时间为 20～35min（视服装情况而定，全封闭制冷式干洗机，时间为 15～20min） ⑧ 冷却。冷却（排臭），时间为 2～4min
	加料干洗法	① 准备溶剂。把刚好够筒体低液位的清洁剂泵进筒体，根据服装状况加入不大于服装量 0.25%～0.4%的水和 1%～5%的干洗洗涤剂，然后开启小循环（即不经过过滤器的循环）30s，再把准备好的溶剂泵至工作溶剂缸备用 ② 装衣入机。把经过预处理的同类服装放进干洗机，把准备好的干洗溶剂泵入筒体 ③ 洗涤。正、反转洗涤，洗涤液经过过滤器循环，洗涤时间为 4～5min ④ 脱液。把洗涤液压泵至蒸馏箱，高速脱液 1min（视服装情况而定） ⑤ 洗涤。再把清洁溶剂泵进筒体至低液位。采用正、反转洗涤，洗涤液小循环，洗涤时间约 3min ⑥ 脱液。高速脱液 1.5～4min（视服装而定） ⑦ 烘干。在 55℃下烘干，时间为 20～35min（视服装情况而定） ⑧ 冷却。冷却（排臭），时间为 2～4min

续表

衣物	洗涤方法	洗涤过程
厚毛料、大衣类服装	加料干洗法	① 分类、去渍。根据服装的质地、颜色进行分类，并检查服装袖口、领子、口袋边、前胸等部位，以相应的去渍剂做预去渍处理 ② 准备溶剂。把刚好够筒体高液位的清洁溶剂泵进筒体，根据服装情况加入不大于0.25%服装量的水和不大于4%服装量的干洗剂，然后开启小循环30s，再把洗涤液压泵回工作溶剂缸备用 ③ 装衣入机。将同类服装放进干洗机，启动泵，把准备好的溶剂泵入筒体至高液位 ④ 洗涤。正、反转洗涤，洗涤液经过滤器循环，时间为6~8min ⑤ 脱液。把洗涤液压泵至蒸馏箱，并高速脱液2min ⑥ 洗涤。再把清洁溶剂泵进筒体至高液位，采用正、反转洗涤，洗涤液经过滤器循环，时间为3~4min ⑦ 脱液。把洗涤液压泵至工作溶剂缸，高速脱液3~4min ⑧ 烘干。在60~65℃下烘干，时间为25~35min ⑨ 冷却。冷却（排臭），时间为3~5min
白色或浅色的服装	二次干洗法	① 准备溶剂，进行干洗前的准备工作。更换干净的纤毛过滤器，从清洁溶剂缸内泵出少量溶剂进筒体，启动泵进行小循环10s，然后把溶剂泵至工作溶剂缸内。这个步骤反复操作两次 ② 预去渍。对服装的领口、袖口等易污染的部位进行预处理 ③ 装衣入机。把服装放入干洗机内，从清洁溶剂缸泵溶剂至筒体低液位，并从纽扣收集器加入1%服装量的干洗洗涤剂 ④ 洗涤。正、反转洗涤，启动泵，使用洗涤液小循环，时间约为2.5min ⑤ 脱液。把洗涤液压泵至工作溶剂缸，高速脱液30s~2min（视服装情况而定） ⑥ 洗涤。从清洁溶剂缸泵溶剂至筒体低液位，采用正、反转洗涤，启动泵，使洗涤液小循环，时间为2min ⑦ 脱液。把洗涤液压泵至工作溶剂缸，高速脱液1~4min（视服装情况而定） ⑧ 烘干。在45~50℃下烘干，时间为15~35min（视服装情况而定） ⑨ 冷却。冷却（排臭），时间约为4min

① 春、夏季节穿的丝织品或棉、麻织物有较多的汗液，可采用加料干洗法，效果较好。

② 秋、冬季节穿着的丝织物或棉、麻织物，可采用二次干洗法，即通过不循环的洗涤和再漂清洗涤，可获得满意的效果。

（2）普通服装　普通服装一般指西服、裤子、裙子、短外套等。可根据污垢的具体情况，选用二次干洗法或加料干洗法进行洗涤。

（3）厚毛料、大衣类服装　比较厚实的毛料、大衣类服装大多在冬天穿着，以深色居多，一般穿着一段时间才洗涤一次，脏污程度比较严重。由于外衣脏污的情况比较复杂，因此对这类服装一般采用加料干洗法洗涤，可取得好的效果。

（4）白色或浅色的服装　洗涤纯白色服装需要干洗机内有一个绝对清洁的工作环境，这包括：纤毛过滤器必须干净，有关溶剂所经过的管道必须干净。只有这样，才能确保服装洗后洁白不发灰。白色或浅色服装一般采用二次干洗法洗涤。

第四节　石油系溶剂干洗工艺

　　石油系溶剂干洗机与其他干洗机不同，通常是洗涤与烘干分别进行，即洗涤在一台机械内进行，而烘干在另一台机械内进行。最近几年，也出现了洗涤、烘干、溶剂回收在一台机械内进行的石油系溶剂干洗机。

　　石油系溶剂干洗工艺的准备工作、使用基本要求和注意事项与四氯乙烯干洗基本相同，不再赘述。

一、洗涤形式

　　石油系溶剂干洗机的洗涤有浸洗、洗涤液经过滤器循环洗、淋洗和喷射洗涤四种基本形式。详细见表3-3。

表3-3　洗涤形式

洗涤形式	简　单　说　明
浸洗	浸洗仅使用溶剂进行简单洗涤，洗涤液不进入过滤器循环，适用于下列情况 ① 洗涤易掉色的织物 ② 预洗比较脏的织物 ③ 第二次、第三次的漂洗
洗涤液经过滤器循环洗	溶剂通过过滤器循环，边过滤边洗涤，适用于下列情况 ① 一浴式洗涤方式，即一次清洗，然后脱液、烘干（适用于脏污程度较轻的衣物） ② 多浴式的主洗，即一次清洗后，低速脱液再漂洗，然后进行脱液、烘干（适用于脏衣物）
淋洗	转笼内不存放溶剂，溶剂不断循环的洗涤方式。适用于下列情况 ① 一浴式过滤器循环洗涤方式的预洗工序 ② 喷射洗涤后的漂洗工序
喷射洗涤	喷射洗涤是向转笼内的被洗织物喷射足够使其湿润的溶剂，同时转笼旋转的洗涤方式。喷射洗涤的溶剂浓度相当高，洗涤后要进行淋洗（溶剂进入蒸馏箱）和主洗（过滤循环洗），必要时，还可进行漂洗

二、使用示例

　　不同的石油系溶剂干洗机对使用和操作有不同的要求，为了更好地了解干洗机的操作，下面以SANOY公司SCL-7150干洗机的洗涤工艺流程为例加以介绍。

1. 分类、分色

　　将被洗服装分类、分色。洗涤时先洗涤素色服装，然后洗浅色服装，再洗深色服装。应称重，防止因过载而影响洗净度和烘干效果。

2. 检查溶剂

检查溶剂箱内的溶剂量是否合适。

3. 清理

去除回收装置上滤网的灰尘及织物绒毛；清理收集器；调整油水分离器内溶剂与水的比例。

4. 通气和水

打开蒸汽截止阀和冷水阀，通入蒸汽和冷水。

5. 合上电源

合上用户总电源和机械控制箱电源，检测门安全装置。

6. 启动空气压缩机

启动空气压缩机，当压力升到 0.5MPa 以上时打开手动球阀，将压力调至 0.5MPa，然后锁紧。

7. 装衣入机

将准备好的待洗服装投入洗衣机中，并将投料门关好。

8. 自动洗涤

根据所洗服装的特性，选择相应的程序。按"开始"键，进入自动洗涤程序，直到程序结束。自动程序结束后，蜂鸣器发出鸣响信号，此时可开门取出服装。若设定了防止褶皱的时间，蜂鸣器结束鸣响后，每隔 15s 转笼反转一次，此功能是为防止运转结束后，服装出现褶皱。

9. 冷却

当转笼内的温度高于 50℃时，将进行冷却操作。

10. 烘干

在低温烘干过程中，冷却器出口温度达到 18℃以下时，将自动停止液体循环，减少冷却装置的负担。

第五节　干洗后处理

四氯乙烯干洗和石油系溶剂干洗均主要是去除油溶性污垢，但不一定去除得彻底。为了弥补，需要进行干洗后处理工序，去除水溶性污渍，确保干洗的质量。

一、必备工具

干洗后处理工序的必备工具见表 3-4。

表 3-4 后处理工序使用工具

工具名称	特点与功能
大棕刷	其大小与水洗的板刷相同。刷毛以猪鬃毛最好。猪鬃毛弹性好，而且不损伤衣料
小棕刷	其尺寸与大牙刷相近，棕毛的长短应有两个尺寸。长毛刷（毛长在 12～15mm）用于丝绸衣料，短毛刷（毛长在 6～8mm）用于其他衣料
垫板	去渍时垫在衣服下面，在去除袖筒或裤腿处污渍时就显得尤为必要，可以防止将另一面弄湿
喷壶	喷壶是去除水印的工具，使衣服的水印不明显
毛巾	毛巾是去渍时吸附污垢及水污的工具，要多准备几条。最好用白色毛巾，以防掉色

二、操作程序

1. 检查表面

浅色衣服可以直接用眼观察到所有的污渍，但深灰色衣服就很难看到。

2. 局部去渍

发现了水溶性污渍后，要随发现随去除。可先用小棕刷去污渍，然后用半潮半干的毛巾擦一擦即可。如果干刷刷不掉，就要在刷子上蘸水来刷，以去除一部分水溶性污渍，然后用蒸汽喷枪在水圈的周围喷点蒸汽，再打开压缩空气喷枪用压缩空气吹干。

3. 去除水渍

污渍去除后常会留下一个水圈印，称作水渍。去除水渍时，首先用喷枪在水渍的边缘喷一圈，再用蒸汽喷枪从外向内喷蒸汽，然后开压缩空气喷枪用压缩空气吹干及抽风，使水分尽量减少。

4. 衣服衬里泼水

衣服衬里和衣面一样会脏，一般都是下摆部分，尤其是大衣更为突出。清洗衣里首先用不太湿的毛巾将衣衬有污渍的部位润洗，但不能把面料弄湿；然后用毛巾蘸用水稀释后的肥皂液（量不能多）在污渍处反复擦，直到擦净；用干毛巾吸湿，再用不太湿的毛巾擦，反复几次，最后用干毛巾吸水；用蒸汽喷枪在水印的边部喷水，使水印逐渐形成过渡，再用抽风吸湿；最后在阴凉通风处晾干后才能整烫。

此外，如果在干洗后发现还有一些油性污渍及水溶性污渍没有去除或没有完全去除，还可以使用一些专业去除污渍的产品。

第六节　干洗过程中的常见问题与处理

干洗过程中的常见问题及其处理见表3-5。

表3-5　干洗过程中的常见问题及其处理

问题	产生原因	处理方法
涂层服装在干洗时发硬	四氯乙烯干洗过程会对大多数涂层造成伤害,使涂层变硬	这类服装的洗涤标识一般只有"只能干洗",但经过实践证实,这类服装的最好处理方法是水洗或石油系溶剂干洗
白色衣物干洗后变暗、变灰	可溶性污物造成"二次污染"	做好衣物的洗前处理工作,清洗衣物上的泥土、油污及色素污渍,彻底清理衣服口袋里的所有杂物,适当放入干洗助剂降低静电吸附和去除水溶性污垢 保持干洗剂及管路的清洁。定期清理溶剂箱,勤过滤,勤蒸馏,勤清理纽扣收集器、过滤器。根据实践经验,在用干洗机洗涤白色和浅色衣物时,一定要用蒸馏过的干净洗涤液,同时,洗涤液采用小循环洗涤,不采用大循环(洗涤液通过过滤器)洗涤 在干洗过程中必须添加一定量的干洗枧油 保持风道、转笼的清洁,经常清理风道及清洗纤毛过滤器,定期清洗冷凝器上的绒毛,以确保循环气流的质量。少量白色衣物的干洗,可将衣物放入盛有蒸馏过的干洗剂的容器里浸泡,然后用双手(戴上胶皮手套)揉搓衣物,衣物洗净后,再用干净的干洗剂洗几遍,然后将衣物放干洗机内直接进行高脱和烘干,这样处理的白色衣物的洗涤效果是最佳的
干洗后西服起泡	西服的制造过程中使用黏合衬,而小的服装厂没有黏合机,采用熨斗进行黏合,黏合不均匀,会导致洗后起泡	用小号注射器对准起泡处抽走里面的空气(注意不要刺伤面料的经纬线),再用大号针头把胶水(可兑入少量水)或其他无色、无腐蚀性、流动性较好的胶黏剂均匀、适量地注入起泡处,再用蒸汽熨斗熨干(最好套上蒸汽熨斗套)
干洗后的衣物有异味	干洗机中细菌滋生,当细菌含量达到一定程度后就会产生明显的气味,这是由于细菌分解油脂,其代谢产物会产生臭味	首先是建立正确的干洗机操作规程,以合适的频率蒸馏干洗剂。四氯乙烯蒸馏时的温度可以杀死细菌,并纯净干洗剂 其次是使用干洗杀菌剂或者含有杀菌成分的干洗枧油,抑制干洗剂中的细菌滋生
干洗后的衣物收缩变形	"热缩"是因为烘干温度过高、时间过长造成的 缩水产生的原因是干洗剂中水分过多、洗涤时间过长	正确的烘干温度:一般衣物控制在60℃左右;丝绸、绒类等可稍低,在55℃左右。烘干时间:采用电加热机型,一般以30~40min为宜;采用蒸汽加热不超过60min 缩水的解决方法:洗前预先用干燥的棉布把干洗剂中过多的水分除去;缩短洗涤时间
羊毛织物缩绒或褪光	含水量太高,特别是洗涤羊毛、羊绒、安哥拉棉、毛呢等质地的衣物	避免加入过量的水,如在去渍过程中 用优质的干洗助剂,这有助于将水分保持在干洗剂中而非织物中 预先干燥衣物,去除潮气 将羊毛织物集中在一起清洗
化纤织物收缩或变脆	从PVC(氯纶)中放出增塑剂或织物中含有聚丙烯纤维	不应干洗氯纶或含聚丙烯纤维的服装 特别注意服装标签上注明"混合纤维"的服装,这表明可能含有聚丙烯纤维 干洗前应检测是否含有聚丙烯(聚丙烯纤维会浮在水面上)

续表

问　题	产生原因	处理方法
窗帘织物收缩（松弛回缩）	因为窗帘类织物在制造时处于张紧的状态，干洗会使其回缩到原来的尺寸	拉伸使其恢复到原来尺寸
丙烯酸酯类或改性丙烯酸酯类纤维服装收缩	烘干温度太高	烘干过程中，保证出口空气温度不超过 50℃（丙烯酸酯类）；保证出口空气温度不超过 40℃（改性丙烯酸酯类）

干洗过程中常见的其他问题及处理方法见表 3-6。

表 3-6　干洗过程中常见的其他问题及处理方法

问　题	产生原因	处理方法
溶剂浑浊	水分过多	洗几次干棉织品或蒸馏溶剂，检查设备的水源以及油水分离器是否正常，检查蒸馏系统和烘干系统有无泄漏
	冷却水不循环	检查进口处的水盘管
	不溶污渍过多	检查过滤器有无泄漏
白色织物变色，彩色织物变灰	溶剂颜色发黑	定期清理过滤器，蒸馏干洗溶剂
	有非挥发性残渣	对干洗溶剂进行过滤循环
	水分过多	洗几次干棉织品，降低水分，检查并控制水分
	织物分类不当	每次洗涤，衣物按照浅、中、深色分类
	干洗助剂量不够	按照制造商建议的标准添加
纤毛多	纤毛过滤器维护保养不善	定期检查并清洗纤毛过滤器
	静电	保持建议的干洗助剂浓度
	洗涤时织物分类不当	易脱落纤维的织物应分开洗涤
溶剂起泡	干洗助剂过多	降低蒸汽压力，蒸馏全部溶剂，避免沸溢。每天检查干洗助剂的浓度，以防放入过多的干洗助剂
洗涤效果不好	过滤程序不当	按照制造商的要求做
	过滤粉不够	清理过滤器并重新添加过滤粉
	溶剂流量不够	检查纽扣收集器有无脏物，管路是否堵塞，泵的运转是否达到规格要求
浅色织物的再沉淀污染	洗涤时间太短，不能把脏物冲洗掉	增加洗涤时间
	干洗助剂量不够，不能使脏物悬浮起来	按制造商的要求使用干洗剂
	过滤器保养不当	过滤器定期清理
	油溶性污渍和染料污渍过多	用炭过滤吸附油脂颜色
	洗衣机超载	每次洗涤量为额定容量的 80%
织物上有圈痕	非挥发性残余物过多	定期蒸馏干洗剂和清理过滤器
	水溶性去渍后干燥不够彻底	确保去渍区完全干燥后再干洗
分离器中的水颜色不对	烘干器、蒸馏箱中的铜冷凝盘管发生腐蚀	根据情况清洁、修复或更换铜冷凝盘管

续表

问　题	产生原因	处理方法
衣服缩水	水分过多,洗涤时间过长,洗涤和烘干温度过高	洗前用干燥的棉布把过多的水分去掉,减少洗涤时间,降低烘干温度
溶剂的消耗量大	溶剂泄漏	检查所有的垫圈和门是否发生泄漏
	回收不完全	不要过载也不要欠载,延长烘干时间
	蒸馏不完全	按建议的程序进行蒸馏,提高蒸馏效果
	油水分离器功能失常	检查是否有过多的四氯乙烯进到油水分离器里
衣服起皱	溶剂的相对湿度高于75%	查找并纠正过湿源;洗涤干棉布以吸去过多的水分;检查干洗助剂的浓度
	烘干温度过高	根据服装的不同类型设定相应的烘干温度
	烘干结束后没有冷却	烘干结束后经充分冷却并把衣服立即拿出挂好
	烘干衣服过多	烘干时,衣服量不要超过封闭式干洗机额定容量的80%
	甩干时间长或甩干速度过快	按所建议的甩干时间和甩干速度进行甩干(脱液)
蒸馏箱沸溢	蒸汽压力过高	蒸汽压力不要超过制造商建议的标准
	溶剂过多	按制造商建议的水平加入溶剂
	仪表出故障	检查所有仪表
衣服洗后有化学药品的气味	预去渍剂过多	干洗前一定要将衣服上的化学药剂洗干净,减少预去渍剂的用量
有鱼腥味	洗涤剂离解产生氨	蒸馏温度不能过高;清洗油水分离器;更换干洗剂
有烟味、干洗剂味	蒸馏器内有残留物质,如油、油脂;蒸馏温度过热	降低蒸馏温度,经常清洗蒸馏箱,降低蒸馏速度
	烘干不彻底,有残留的干洗剂	增加烘干时间,进行冷却处理

干洗的质量要求包括:

① 各类不同质地的衣物经洗涤后,各部位要洗到、洗净、无损伤、不串色、不搭色。

② 衣物不变色、不褪色、不变形。

③ 纽扣、夹里及衣物的其他附件以及饰物等,不受损伤、不变形。

④ 去掉污渍后不留痕迹(事先约定的特殊情况除外)。

⑤ 洗后的衣物应清爽、整洁、柔软,白色衣物不泛黄。

第七节　干洗衣物可能出现的事故

1. 附件溶解或脱落

由于干洗溶剂溶解范围包括一些橡胶、树脂等有机物,所以在干洗时有可能把衣物上的纽扣、松紧带等附件配件溶解。尤其是使用四氯乙烯干洗溶剂时,衣物附件发生溶解的机会较多，例如橡胶制品、聚氯乙烯塑料制品、采用普通油漆涂饰的附件等，主要是纽扣、拉链头、服装标牌、松紧带、小饰物等。

附件溶解后大多数还会对衣物造成沾染，如珠绣珠子、塑料纽扣、塑料吊牌、拉链头等附件溶解后可能会把面料沾染上颜色。有的附件本身并未发生溶解，但是黏合附件、装饰件的胶黏剂在干洗剂中溶解，会造成装饰件脱落。对于这类衣物的附件，需要在干洗前检查分类时捡出。分拣时不能确定的可以使用干洗溶剂进行试验。

2. 带有涂层的面料变硬发脆

在现代流行的面料中，有许多带有合成树脂涂层。其中有一些面料的涂层在四氯乙烯干洗过程中会发生部分成分溶解，使得涂层变硬发脆，造成衣物无法使用。有一些面料的涂层（如聚氨酯涂层）在起初几次的干洗中不会出现变硬发脆现象，但经过一定次数的干洗后，仍然可能出现面料变硬发脆现象。因此，凡是带有涂层的面料尽可能不采用干洗（带有涂层的面料大多数可以安全水洗）。

3. 机内污染（干洗二次污染）及其修复

衣物进行干洗时，有可能在干洗机内产生"二次污染"，造成衣物在干洗过程中的沾污。这种污染又称作"机内污染"。一般性的干洗二次污染，只要把被污染的衣物使用全新干洗剂重新洗过，很多都可以恢复如初。但是，仍然会有相当多的衣物二次污染以后很难彻底洗净。那么，干洗为什么会产生二次污染？机内二次污染是怎样产生的？如何防止干洗的二次污染？怎样解决已经发生二次污染衣物的洗净问题？

干洗机内为什么会产生二次污染？

通过对不同的干洗过程进行大量的观察研究与分析之后得知，干洗机产生的机内污染（即干洗机二次污染）共有以下几种情况。

（1）干洗过程中的染料串染　干洗是使用有机溶剂进行洗涤的，一般情况下，水洗时比较容易掉色的衣物在干洗时大多数不会掉色。因此衣物的干洗才有保形、保色的美誉。但是，有一些染料在干洗溶剂中具有一定的溶解性，在干洗过程中，一部分染料可能被干洗剂溶解。所以使用了这类染料的衣物仍然不可避免要掉色。尽管这种类型的掉色情况并不算太多，但也会时有发生，如红紫色系列纯毛粗纺呢绒衣物在干洗过程中掉色等。还有一些衣物上装有皮革附件，这类皮革附件的染色牢度较低，干洗时也有可能掉色。由于某些衣物干洗时掉色，溶解在干洗溶剂内的染料通过干洗产生转移，从而发生对其他衣物的沾染。这种干洗机内的沾染与水洗时掉色发生串色的沾染情况是一样的，只不过沾染过程是通过干洗溶剂作为媒介而不是水。

（2）通过水作为媒介发生沾染　衣物干洗前一般都要进行预处理，大多是在重点污垢处涂抹干洗助剂——皂液、枧油等，由于使用了一定比例的水进行调配，预处理后的部位都会含有一定的水分。按照干洗工艺要求，预处理后的衣物应停放一段时间，使水分适当挥发以后再装机。如果衣物装机时仍然含有较多水分，就形成了干洗机内游离水，干洗过程中就增加了通过这些水分发生沾染的机会，从而造成面料上水分较多的部位发生机内污染。这类机内污染大多数是由污垢造成的，少数有可能是由染料造成的。一些纯毛粗纺呢绒面料甚至因为干洗预处理水分过多，从而造成干洗后局部缩绒的现象。

（3）干洗机内高湿度串染　在干洗机封闭的整体环境内是含有一定比例水分的。这些水分的来源主要有五个方面，具体情况前面已经叙述过。正是由于干洗机内含有一定比例的水分，所以，衣物通过干洗也能洗掉一部分水溶性污垢。但是当干洗机内湿度较高，水分过多时，干洗机内洗掉的某些污垢就可能通过较多的水分转移到其他衣物上，从而造成机内污染。干洗机内的高湿度，还会造成某些衣物产生干洗缩水（如纯毛粗纺花呢衣物、全黏胶纤维面料的衣物、一些疏松结构面料制成的衣物等）。

（4）机内沉积污垢转移沾染　干洗机的每一个工作循环过程中，从装机到完成洗涤→排液→脱液→烘干→出车，机内的水分都要经过一个从比较多到逐渐减少，直至完全失去的循环过程。当再一次洗涤衣物时，还会重复这个循环过程。同时，干洗机每经过一个干洗循环过程，都会在干洗机舱内侧、干洗滚筒外侧以及滚筒穿孔内侧留下一些污垢。这些污垢主要是极细的颗粒状粉尘、纤维细屑和一些经过挥发后干涸的物质。这些沾在干洗机上各个部位的污垢，是干洗机经过多次工作后逐渐积累的，我们称之为"机内沉积污垢"。它们自然也就成为干洗机内的主要污染源之一。

这些机内沉积污垢，在每次干洗机注入干洗溶剂时以及在干洗机转动时，都会有一些脱落，进入干洗溶剂中，从而通过干洗的洗涤过程转移到衣物上。因此，白色的、较浅色的衣物干洗后往往出现颜色发灰、发暗，这种颜色的变化就是"机内沉积污垢"污染的结果。这种类型的机内污染都是极其均匀的，绝大多数不会形成条花、色绺，因此中深色衣物很难发现这类机内污染，但是对于白色、浅色衣物而言，则会出现明显的颜色反差，这是令大多数消费者难以接受的。有经验的洗衣师熟知这种类型的机内污染，一般会尽量把白色、浅色衣物采用水洗洗涤，避免干洗。

（5）静电吸附污染　干洗机每一个工作循环的后半程是烘干，这时干洗机内的水分逐渐减少，直至接近于零。烘干结束时，也就是干洗机舱内充满静电的时候，干洗机内的微型粉尘颗粒以及纤维细屑就会在衣物上聚集，这种聚集也成为机内污染的一部分。与第（4）类污染类似，这种污染对于深色衣物的影响并不明显，对于浅色衣物而言干洗后就会出现灰蒙蒙的现象。

上述五种不同的干洗机内污染，表现在衣物上是有区别的。第（1）～（3）类机内污染在衣物上会出现条花、黑绺。而第（4）类和第（5）类机内污染对大多数较深色的衣物影响并不是很大；然而，对于较浅色衣物却具有明显的影响，而且衣物颜色越浅影响越明显。由于干洗时产生机内污染的机会是比较多的，所以对干洗机内的二次污染要给予足够的重视。

那么，怎样才能有效地避免产生干洗机内二次污染呢？

通过上述的分析，我们了解了干洗机内产生二次污染的种种情况，因此完全可以采取针对性措施，尽可能地避免机内污染的产生。尤其是洗涤浅色衣物时，必须采取有效措施防止和降低产生机内污染的可能性。

具体方法有：

① 认真进行干洗前的衣物分类。那些在干洗中有掉色倾向的衣物必须分开单独洗涤。对于有可能发生掉色的衣物，干洗时要认真使用干洗脱色过滤器，把发生颜色沾染的可能性降到最低。

② 使用皂液、枧油对重点污垢进行涂抹预处理时，要注意两个问题：一是不宜在干洗助剂中加入过多的水分，一般加入的水分与干洗助剂的比例应该是1∶1；二是装机前要等预处理剂的水分大部分挥发掉，待衣物表面仅仅留下一些潮润的感觉时，再装机洗涤，防止通过水分沾染污垢或染料。

③ 根据衣物的洗涤量要经常清洗通用（筛网）过滤器（进行干洗机清洗过滤器的维护程序处理），并及时更换活性炭脱色过滤器中的活性炭，使过滤功能充分有效。

④ 至少每半年对干洗机的相关系统进行一次彻底的清理，包括液体循环管路、气体循环管路、液水分离器、储液箱等。尽可能减少干洗机内各类污染源的积存。

⑤ 根据干洗机工作所处的地区、季节和环境湿度，每3～6个月将全部干洗溶剂蒸馏一次，防止干洗溶剂内以及存储干洗溶剂的部位积存水分。

⑥ 尽可能避免使用干洗机代替烘干机烘干水洗衣物，防止出现干洗机内环境湿度过高的情况。这既有利于干洗机的保养，又可以减少机内污染的机会。

⑦ 干洗浅色衣物之前，应对干洗机进行洗车处理，把干洗机彻底洗净后再进行干洗。同时还需要改变干洗的工艺程序。具体的方法如下。

a. 预洗车：注入已经使用过的干洗溶剂40L左右，不通过过滤器，采用泵循环，空车转动冲洗2～3min，排液。

b. 洗车：注入全新干洗溶剂40L，仍然采用泵循环，空车转动冲洗2～3min，排液。

c. 装机：洗涤浅色衣物的装机量，应不超过额定装机量的70%。

d. 预处理：不宜使用涂抹皂液或枧油的方法进行预处理。重点污垢应先行去渍，并且把去渍后残余的药剂和水分彻底清理干净以后才可以装机。

e. 干洗助剂的使用：根据衣物量将皂液或枧油加入到干洗溶剂中（自助剂加料口或纽扣收集器处加入）。

f. 干洗洗涤：使用全新干洗溶剂洗涤。干洗过程中不要经过过滤器，直接采用泵循环洗涤。

g. 干燥季节时或衣物面料的合成纤维比例较高时，干洗机内需要加入干洗抗静电剂 30～50mL（目前，福奈特有这种干洗抗静电剂销售），可以有效地防止静电吸附污染。

通过采取上述各种措施，就能够在一定程度上降低和减少机内污染的概率，提高干洗洗净度。但是，漂白的衣物仍然不宜采用干洗，尽可能采用水洗洗涤。如果已经出现了干洗二次污染，浅色衣物上已经沾染了条形的、灰黑色的色迹，又该怎样机洗修复处理呢？

有经验的洗衣师经常会说"干洗出现的问题就要回到干洗机里修复处理"，这是有一定道理的。

一般的干洗机内污染，也就是上述第（2）类和第（3）类污染，这是比较容易发生和经常出现的机内污染。这类机内污染大都出现在浅色衣物上，衣物经过干洗后表面毫无原因地出现灰黑色条花或色绺（很少出现其他颜色的污染）。这种机内污染比较轻的通过使用全新的干洗溶剂重新干洗，就可以有效地消除原有污染，使衣物恢复如初。但是，严重的第（2）类和第（3）类机内污染或是其他类型的机内污染则未必能够通过这种简单的返洗予以修复。

严重的第（2）类和第（3）类机内污染，采用一般的重新干洗也不一定能够有效地恢复，需要在干洗时加入克施勒强洗剂助洗。使用量可以根据衣物的数量以及沾染面积大小，酌情加入 50～100mL。

第（1）类机内污染属于以干洗溶剂为媒介造成的染料串染。由于串染时的中间媒介是干洗溶剂，因此采用上述的重新干洗仍然是必要的。但是这仅仅是第一步。经过这种处理后可能依然存有一些颜色污渍，还需要进行剥色处理。剥色处理时需要根据衣物的面料、颜色、款式选择具体的方法。如羊毛衫、羊绒衫可以使用福奈特中性洗涤剂剥色；纯棉休闲服装可以使用微量控制氯漂进行处理等。

这种类型机内污染衣物的修复，在很大程度上取决于衣物的承受能力。如果衣物的纤维、颜色、款式、结构等因素影响到采用下水或是较高温度处理时，则成为不可修复的"绝症"。

第（4）类和第（5）类机内污染一般不会形成条花或色绺。但是较浅色的衣物干洗后颜色会发生明显反差，大多是颜色加深、变暗或发灰。那些极浅色和白色则完全失去了雪白和亮丽的状态。所以，洗涤这类衣物时积极性的措施是采用水洗或湿洗。必须采用干洗时，则须严格按照干洗浅色衣物的程序要求操作。即使如此，对于洗涤结果的期望值仍然不可太高。

漂白色和极浅色衣物干洗后发生色泽发暗、发灰、发土等情况，大多数是不容易完全修复的。只有那些能够承受较高温度水洗处理的衣物，才可以通过高温水洗进行适当修复。具体方法如下。

① 手工洗涤。

90℃热水（以使用较深的水桶为宜）；

用水量为衣物重量的 10～15 倍（能让衣物充分没入水中）；

每升水加入双氧水 10mL；

迅速手工拎洗 2～3min（尽可能不浸泡，如需浸泡必须经常翻动，浸泡时衣物不可露出水面）；

清水漂洗 2～3 次；

酸洗，脱水，晾干。

② 使用工业水洗机机洗。

时间：3～5min；

温度：80～90℃；

双氧水用量：每升水加入 5～8mL；

清水漂洗 2～3 次；

酸洗，脱水，晾干。

处理这两种类型的机内污染，还会受到衣物面料结构的影响。结构较为疏松的比较容易修复，经过上述方法处理，能够有效地提高干洗污染衣物的白度和洁净度，但是很难完全恢复原色。而那些织物组织紧密细薄的衣物一旦出现机内污染，则不易得到满意的修复结果。

因此，采用各种手段以避免衣物在干洗时发生机内污染，要比知道如何修复机内污染的衣物更为重要。如果能够利用各种有利条件选择水洗白色和浅色衣物，那就会更为主动一些。

4. 浅表性磨伤

衣物干洗后容易出现的另一种事故就是浅表性磨伤。容易产生浅表性磨伤的衣物有以下几种：

① 比较娇柔的面料：如真丝缎纹组织面料。

② 深色的蚕丝、纯棉以及黏胶纤维面料，如黑色、深蓝色、墨绿色、深棕色等。

③ 硬挺型面料衣物，如紧密型纯棉帆布、粗厚斜纹布，带有涂层的紧密型面料，经过防皱防缩整理的精细丝光棉布、织锦缎类丝绸、绢类丝绸纺织品等。

造成浅表性磨伤的主要原因是洗涤衣物时受到了较大的机械力。而干洗也是机洗，因此干洗洗涤的机械力不可忽视。

由于干洗技术在国内普及得较晚，干洗设备的价格又比较高，一些人就对干洗有偏爱，甚至因此而认为干洗比水洗的安全系数要高。但是，事实上干洗技术从某种意义上看，它不过是机洗洗涤的一种方式，所以，我们要强调"干洗也是机洗"；也就是说，不适合机洗洗涤的衣物也不适合干洗。

关于干洗也是机洗的观点，让我们来看一看干洗的情况：

干洗机的转速：40r/min；

干洗全过程需时：40～45min；

停顿、排液、脱液等所占时间：10min；

扣除停顿、排液、脱液等所占时间，实际完全转动时间：至少30min；

干洗机每转动一次，衣物在洗衣舱内至少发生摔打、摩擦、跌落或滚动2～5次。

所以，40r/min×30min×（2～5）次=2400～6000次；也就是说，衣物每进行一个循环的干洗至少要承受2400次的摔打、摩擦、跌落或滚动。

所以，干洗过程的机械力不可忽视，干洗也是机洗。

5. 印花油墨印染的面料干洗后变色、脱色

20世纪90年代末市场上出现了一类新型印染工艺生产的面料——印花油墨印染的面料。这类面料最早见于90年代末，当时只有少数服装使用了这种面料，因此对洗衣业的影响还不够广泛。而近年来这类面料的具体品种和花色逐渐增多，干洗洗涤事故也时有发生。为此，我们在这里集中把这类面料的各种情况予以专门的介绍。

这种新型印染工艺主要是应用在纯棉面料或以棉纤维为主的面料上。2002年以后曾经陆续出现过的"以印代染面料"就是这类面料的一种。这类面料最大的特点就是不适合干洗洗涤，经过干洗后这类面料大都会变色或脱色，给许多洗衣店造成不必要的损失。

为了把这类面料的基本属性讲清楚，我们先介绍一下传统面料的印染方法，包括采用天然纤维和各种化学纤维制造的各种面料在内。纺织品的印染方法可以通过6种途径进行着色：

① 原液染色。

② 散纤维染色（色纺）。

③ 毛条染色（条染）。

④ 染纱织布（色织）。

⑤ 坯布染色。

⑥ 印花。

我们现在要讲述的新型印染工艺是和上面的"印花"工艺关系密切的新技术。由于传统的印花技术大多数使用的是各种染料，印染后要经过一系列的漂洗和处理；这种印染方法需要使用大量的水和很大的热能消耗。随着纺织印染技术不断进步，为了节约能源，一种印染后无须再进行相关处理的新型工艺应运而生。它的基本特点就是采用类似纸张印刷术的方法印染各类纺织品。

这种印花工艺所使用的是不用水的印花浆料，与纺织品有很好的结合牢度。这种印染浆料使用了有机溶剂作为工作介质，印制过程与纸张印刷有许多相似之处，因此这种印花浆料习惯上叫作"印花油墨"。

使用印花油墨印花，不但可以完成各种花纹图案的印制，还可以印制单一颜色的面料，甚至可以在较深颜色面料上印制较浅的颜色。但是这种方法印制的纺织品只能在表面形成颜色，透过性较差，因此这种方法印制的面料背面大多数是白色的，对于习惯看到纺织品正反面都是一个颜色的消费者来说，总会有些不适应。于是又进一步在原有印染技术的基础上，利用印花油墨和轧染技术印制出与传统染色技术一样的面料，也就是面料正反面完全为同一颜色的面料。到目前为止，采用印花油墨印制的面料已经形成一个较为完整的系列。

近期我们能够搜集到的印花油墨印制产品已有四种类型。下面我们就其特点以及识别方法分别进行介绍。

（1）使用印花油墨印制的印花纺织品　某些大型图案花布、条格型图案花布的家居纺织品。这类印花纺织品以较为厚重的纯棉布为主。正面的花纹图案与传统方法印制的面料几乎没有差别，但是面料的反面颜色一般都是白色的，几乎看不到正面的任何颜色。

（2）使用印花油墨印制的单一颜色面料　各种颜色的纯棉面料或棉混纺面料，浅色深色都有，品种繁多色谱齐全，主要也是以较为厚重的纯棉布为主。面料背面大多数也是白色的。这类面料大多数用以制作休闲服装，如裤子、裙子、夹克、风衣等。

（3）使用印花油墨改色印制的单一颜色面料　这种面料较为少见（注意：它是改色印制的），面料仍然是以纯棉布为主。其特点是面料的正反面颜色不一样，甚至面料背面比面料正面的颜色还要深一些，但是背面不是白色的。用途与前面所述相同，在识别时一定要注意到正反面的颜色差异，否则很容易漏检。

（4）使用印花油墨采用轧染工艺印染而成的单一颜色面料　这种类型的面料是最难识别的，材质也是以纯棉布为主，有的含有少量的其他纤维。面料与上述三种面料不同，一般都是较为细薄的纯棉布；颜色以中浅色为多，主要用以制作休闲服装。从表面看几乎与传统染色方法的面料毫无差别。

上述使用印花油墨印染的面料都有哪些特点呢？对洗染业的洗涤熨烫又有哪些

影响呢？

① 由于这类面料使用了印制方法，所以其颜色不具有透过性。所有的颜色都附着在面料的表面。因此这类面料颜色的耐摩擦性较差，从而承受机洗的能力也较差，不适合使用过重的刷洗方法洗涤。如果水洗机洗涤，要尽可能使用柔和程序，如果超过其耐摩擦的能力，就会因摩擦过度而发生脱色现象。

② 由于印花油墨以有机溶剂作为介质，不能承受一些含有有机溶剂的洗涤，所以不能采用四氯乙烯干洗溶液洗涤。如果使用了四氯乙烯干洗后就会发生颜色改变或颜色脱落现象。

③ 由于印花油墨含有有机溶剂，所以不适合使用一些去除油性污渍的去渍剂去渍。使用某些去渍剂［如福奈特去油剂（红猫），威尔逊公司油性去渍剂 Tar GoDry，西施蓝色、棕色、绿色、紫色去渍剂等］有可能造成去渍的部位颜色脱落以至于发白。

④ 纯棉面料允许的熨烫温度较高，但是使用印花油墨印染的面料不适合使用过高的熨烫温度，应该略低于一般棉布的熨烫温度。过高的熨烫温度可使颜色改变。

6. 抽缩变形

保型性本来是干洗的优点之一，但是在一定条件下，干洗后的衣物依然可能出现抽缩变形的现象。前面我们已经介绍了干洗机内水分的影响，抽缩变形的主要原因就是干洗机内水分过多，尤其是干洗机内存有一定数量的游离水时，某些特定的面料必然会抽缩变形。因此，控制那些在干洗机内因水分过多时可能产生抽缩变形的面料就至关重要。下面是在干洗过程中有可能产生抽缩变形的面料种类：

① 粗纺纯毛面料或粗纺毛混纺（毛纤维占50%以上）面料衣物。

② 纯麻纤维面料或麻混纺（麻纤维占50%以上）面料衣物。

③ 黏胶纤维含量较高（含量50%以上）的面料衣物。

④ 纱线较粗，以维纶纤维为主的疏松结构面料衣物。

⑤ 斜向剪裁的全真丝纱类、绉类面料衣物。

一、衣物干洗的保护措施

1. 洗涤强度的控制与隔离保护

由于不同衣物的承受能力有差别，所以针对不同衣物可以设定不同的洗涤程序。但是仅仅依靠不同的程序仍然不能可靠有效地保护衣物，所以还需要采取一些措施控制干洗机的洗涤强度。具体方法有：

① 采用手动程序进行间歇性浸泡。

② 使用干洗网袋（包括布袋）保护。

③ 把有可能发生磨损或掉色的纽扣、附件使用铝箔包裹。

④ 把有可能发生溶解的纽扣、附件拆下。

⑤ 把极其娇柔的衣物或附件进行整体或局部缝合隔离。

⑥ 使用洁净棉布覆盖隔离等。

2. 干洗网袋的使用

干洗网袋是干洗时不可缺少的辅助用品，正确地选择和使用网袋可以有效地控制洗涤强度，避免发生一些不必要的损失和事故。因此干洗机配备一组适用的不同型号的网袋是非常必要的。

网袋的种类或型号很多，编织网袋的纱线粗细也各不相同，有的用尼龙线制成，有的使用麻绳制成，也有一些使用纯棉或合成纤维制成。网袋大体上可以分成两类：一类为使用较粗的线织成鱼网状的袋子，其中常见的为"子蜂房形网袋"，其网袋孔为小六角形，犹如蜂房状，或是使用较粗的线制作的大蜂房形网袋（称作洋葱袋）；另一类是制作成"枕套型"的口袋，是由普通的棉布或涤棉布缝制，它们的尺寸则可以有大、中、小不同型号。

什么样的衣物在干洗时候需要使用网袋呢？

① 体量较小的衣物和附件，如领带、手套、腰带、肩襻、袖襻、活动的领子、活动的袖头等。

② 面料不耐摩擦的衣物，如以各种真丝缎类面料制作的服装，带有固定裘皮领子的外衣等。

③ 表面过于硬挺的衣物，如各种带有较为厚重的涂层面料制成的风衣、外衣，这类衣物的边角棱尖在干洗中非常容易磨伤，使这些部位磨白甚至磨破。

④ 带有容易脱落或有可能发生剐伤、划伤或纠缠的装饰物的衣物，如带有水钻、亮片、珠子、穗子、坠子、挂钩等的衣物，装入网袋使它们完全隔离。

⑤ 有可能发生干洗掉色的衣物，一些红紫系列的粗纺花呢和一些裘皮衣物有可能在干洗时掉色，为防止出现搭色、串色应将其装入网袋。

总之，网袋的作用有两个，一是控制洗涤强度，适当降低机械力，用以保护衣物不受损伤；二是隔离尖锐利棱、流苏绳索等，防止钩挂纠缠，目的仍然是保护衣物不受损伤。

使用网袋也是有些讲究的，因为使用了网袋必然会使洗涤的作用发生变化，同时还会在干洗后的烘干过程中受到影响。因此，使用网袋要考虑以下几个问题：

① 网袋孔大小会影响洗涤，大一些对于洗涤的影响就会小一些，然而对于衣物的保护作用也会小一些；反之，枕套型网袋保护作用最好，但是对于干洗的洗净度影响也最大，甚至不能洗涤干净。

② 网袋的容积与衣物大小的比例也要适度，网袋太大失去保护作用，网袋太小

洗净度必然受到影响。一般网袋的容积应该是衣物的 2～3 倍，过大或过小都不适宜。

③ 大多数衣物装入网袋干洗会从始至终装在网袋内，但是对于一些厚重衣物会严重影响烘干效率，因此一些衣物在烘干的后期可以脱离网袋继续烘干（如为了防止掉色而装入网袋的皮衣）。

④ 特别娇柔的衣物，如真丝缎面绣花衣物、大量装饰水钻亮片的衣物等，除了装入网袋以外，还要把衣物翻转过来，甚至使用布片缝在成片的保护区域遮盖起来以防被损坏。

⑤ 一些衣物本身并无特殊要求，但是个别的装饰物容易脱落、磨伤或有可能磨伤其他衣物时，最好能够摘下来。如果不能取下，可以考虑使用网袋；如果可以使用包裹隔离，就尽可能不使用网袋。为了干洗的安全和洗净度，使用网袋是退而求其次的手段。因此，网袋的使用不可过滥。

正确的使用干洗网袋可以最大限度地减少衣物的损坏和洗涤事故，更好地控制洗涤过程。

而正确地把服装筛选分类又是达到最佳洗涤效果的关键。如果网袋对于干洗来说是一个好帮手的话，那么干洗中的相关原则也是不能忽略的。

3. 干洗烘干温度的调整

"烘干"是干洗机工作的重要组成部分，烘干过程占据了干洗机工作时间的80%，许多干洗事故往往发生在烘干过程中。除了采用各种手段进行相应的保护以外，调整烘干温度也是非常有效的措施。干洗机正常烘干温度一般在 60～70℃之间，大多数采用 65℃左右的温度进行烘干。而干洗皮革裘皮衣物时，烘干温度就需要适当降低，一般建议采用 50～55℃。为了使烘干效率不至于太低，可以在烘干过程的前期采用较高温度，待衣物的干燥程度提高以后再把烘干温度降低到 55℃以下。

二、干洗的局限性

1. 水溶性污垢的残留

洗染业人所共知，干洗后衣物上仍然会残留一些水溶性污垢，这些残留的水溶性污垢继续对衣物起到一定影响。如：在潮湿的夏季，干洗后的衣物有可能发霉，这在南方沿海地区已经不是新鲜事了；又如：长时间干洗的羊毛衫、羊绒衫的蓬松柔软程度会大打折扣，等等。其根本原因是干洗后的衣物残留了相当数量的水溶性污垢，为此，我们建议有可能允许采用水洗洗涤的衣物，最好在干洗数次后进行适当的水洗洗涤，以去除残留的水溶性污垢。

2. 干洗机内水分的控制

关于干洗机内水分的数量与影响，前面已有系统的叙述。干洗机内水分是经过一定时间积累而形成的，水分的存在既有正面的作用也有负面的作用，因此干洗机内水分是一个控制平衡的问题，主要是不使水分积存过多。所以经常性监测是否有过多的水分是必要的，尤其是处于湿度较高的地区和比较温暖潮湿的季节不可掉以轻心。

3. 干洗静电的影响与防止

同样，在干燥的北方和冬、春干燥季节，干洗静电也是不可忽视的一个方面。干洗静电造成的影响和湿度过高正好相反，而结果却是一样的，都会使衣物洁净度降低，给各个工作岗位带来诸多不便。在产生静电较多的季节，使用干洗抗静电剂就可以使此问题迎刃而解。

4. 不适合进行干洗的衣物

一些消费者往往由于糊涂观念的误导，认为无论什么样的衣物都是干洗洗涤最好。实际上有许多衣物并不适合采用干洗洗涤，洗染业从业人员和员工有责任宣传解释干洗洗涤与水洗洗涤各自的特性。

以水溶性污垢为主的衣物和贴身穿着的衣物都不适合干洗洗涤，如各种内衣、内裤、胸罩、腹带，床单、被罩、毛巾、浴巾、枕袋、枕巾，各种窗帘、台布、餐巾、工作服，等等，都不适合干洗洗涤。

一些用带有树脂涂层面料制作的服装、带有人造革配件的服装以及采用了印花油墨印染面料的服装也都不适合干洗洗涤。洗染业员工除了要掌握这些基本知识以外，还要不断地向广大消费者普及这些常识。

三、干洗机的日常维护

无论什么样的干洗机在使用过程中都需要进行必要的日常维护，主要包括下面几个具体系统和部位：

1. 纽扣收集器

纽扣收集器是液体循环系统中的重要部件，负责把洗衣舱中脱落的各种小物件拦截收集，不使其进入循环系统，避免衣物上的遗留物和附件丢失或进入盘管影响溶剂泵的工作。

每个工作班至少清理一次纽扣收集器，最好每洗涤三车衣物清理一次。

2. 绒毛收集器

绒毛收集器是气体循环系统的重要部件，在干洗机烘干衣物时，负责把洗衣舱中衣物飞落的纤毛拦截收集。一方面保持干洗机气体循环系统的清洁，同时还用以保护气体循环系统的各个部件正常工作。

绒毛收集器每干洗三车衣物就至少应该清理一次。如果有条件，每洗涤一车衣物清理一次则更好。

3. 过滤器

各种干洗机一般至少有一个过滤器，即通用过滤器。有的干洗机最多有可能设置 3～4 个过滤器。通常，开启式干洗机仅有一个通用过滤器；封闭式干洗机至少装有两个过滤器：一个通用过滤器，一个活性炭脱色过滤器。

通用过滤器大体上有四种类型：

（1）筛网式过滤器　筛网式过滤器大都采用尼龙筛网片组合而成，网片的总数要保证有足够的过滤面积，才能确保过滤器的过滤效率。单纯性筛网式过滤器网片的孔隙都很小，通常只有几十微米，绝大多数的悬浮性污垢都能被拦截在过滤器内。

（2）筛网加敷粉式过滤器　筛网加敷粉式过滤器在运行时要加入助滤粉。常用的助滤粉为硅藻土，这是一种多孔性的吸附材料。硅藻土为古代海藻细胞壁的化石，开采后经过粉碎筛选制成数十目至 200～300 目。硅藻土的比表面积可达 400～500 倍，主要用于吸附悬浮性污垢。筛网加敷粉式过滤器的筛网孔隙较大，一般不超过 200 目。

（3）滤芯式过滤器　滤芯式过滤器内装有一个专门设计制造的滤芯，其作用也是用于吸附悬浮性污垢。当滤芯被悬浮性污垢敷满后，可以通过清理过滤器降低过滤器内压。清理方式有旋转式或抖动式。清理后过滤器仍然可以正常工作。当滤芯不能完成过滤任务时就要更换滤芯。

（4）活性炭脱色过滤器　在封闭式干洗机上大都装有活性炭过滤器。其主要目的是拦截吸附干洗时从衣物上脱落的染料类污垢，所以一般也叫作脱色过滤器。活性炭是极其细小的微孔结构，1g 活性炭表面积可达 5000m^2，其微孔的直径比染料的分子还要小，所以能够过滤染料的颜色。

当活性炭过滤器吸附污垢工作超过半年，也需要更换新的活性炭。

无论哪种过滤器都需要进行日常维护，有两种不同的维护过程：

① 过滤器正常工作期间，污垢量达到一定水平时，过滤器内压增高（可见过滤器压力表指示）。需要根据该干洗机的要求（清理过滤器的内压指标）执行过滤器清理程序。

② 敷粉式过滤器经过多次清理后，不能使内压降低到工作要求时，需要把过滤器中的过滤粉连同过滤器中的干洗溶剂一起放入蒸馏箱进行蒸馏。过滤器重新注入干洗溶剂时也要重新加注助滤粉。

4. 蒸馏箱

干洗机蒸馏箱的清理次数与溶剂蒸馏次数直接有关。一般干洗溶剂进行蒸馏 3～5 次之后，就应该清理蒸馏箱。蒸馏箱清理频次过高并没有什么好处，但是较长时间不清理蒸馏箱则会造成蒸馏效果太差，而且消耗能源过多。

5. 液水分离器

液水分离器是把干洗溶剂和混在干洗溶剂中的水分予以分开的部件。

当干洗机在烘干衣物和蒸馏溶剂时，气态干洗溶剂通过冷凝器凝结成液态干洗溶剂后，进入液水分离器。利用水与干洗溶剂的密度不同，把凝结水排出干洗机，把更新后的干洗溶剂排入洁净溶剂储液箱。由于这里是干洗溶剂和水分充分集中的地方，因此，液水分离器的情况往往复杂多变；同时液水分离器的观察窗口也是监测和分析干洗机溶剂情况的窗口。由于干洗机所处的环境条件不同，环境的温度、湿度相差较大，液水分离器显示的颜色有可能各种各样，甚至生长霉斑和菌丝。因此液水分离器至少应该每季度清理一次。当发现液水分离器视窗沾污或是颜色混浊时也需要及时清理。

6. 储液箱

干洗机一般设有 2～3 个储液箱，其中有一个是洁净溶剂储液箱，蒸馏以后的干净溶剂直接注入这个洁净溶剂箱；其余的溶剂箱都是工作溶剂箱，也就是含有一定污垢的储液箱。干洗机经过一定时间的使用后，储液箱就可能沉积一些污垢，因此，储液箱就需要进行清理。需要清理的部分包括观察窗和储液箱整体，清理周期不超过一年，处于潮湿地区或潮湿季节时还可以适当增加清理次数。

7. 洗衣舱门

洗衣舱门是频繁开关的部件，一些细微的纤毛灰尘有可能影响到舱门的密封性。因此每次干洗衣物都应该随手擦拭清理舱门。

8. 门风机活性炭吸附罐

为了尽可能降低干洗溶剂气体向机外的排放量，封闭式干洗机都装有门风机。每当干洗机舱门开启时，门风机自动启动向机内抽风，含有干洗溶剂的空气被门风机的活性炭吸附罐吸收。当活性炭吸附罐使用一段时间之后，需要更换新的活性炭。

9. 其他润滑部位

干洗机的转动部件都配备注入润滑剂的油孔或注油器，需要按照设备厂家使用说明书的要求定时定量加注润滑油或润滑脂。

第四章
服装干洗机电设备

服装干洗是利用特殊洗涤剂（即干洗剂）在干洗机中洗涤衣物的一种去渍方式，适用于毛织物、丝绸织物、毛皮、毛革等各种服装材料的去渍。干洗用的干洗剂主要是四氯乙烯，近年来石油干洗剂的用量在不断增加。干洗后服装上的污渍去除得彻底，衣物不霉、不蛀、不褪色、不起皱、不收缩，颜色鲜艳、柔软蓬松。

第一节　干洗机电设备概述

干洗的机电设备是干洗机。干洗机利用干洗剂（四氯乙烯或石油系溶剂）去污能力强、挥发温度低的特点，通过各部件的机械作用洗涤、烘干衣物，并且冷凝、回收洗涤剂，使洗涤剂循环使用。干洗剂与污渍进行化学反应，沾有污垢的服装在旋转的筒里经机械力的作用，使不可溶的污渍脱离服装，然后经离心脱油、干燥蒸发以完成干洗。目前我国干洗行业主要将四氯乙烯作为干洗溶剂。由于四氯乙烯对环境（主要是大气和地下水）有污染，因此对干洗剂的使用要求越来越严格。

一、干洗机的类型

由于使用的干洗溶剂不同，干洗机目前大体上有四氯乙烯干洗机和碳氢溶剂干洗机两种类型。此外还有刚刚推出的二氧化碳干洗机。以前使用含氟溶剂的干洗机由于不允许再使用该溶剂而被淘汰。

（1）按结构特点分类　以回收干洗剂的区别分类，干洗机有开启式水冷回收干洗机与全封闭式制冷回收干洗机两类。

开启式水冷回收干洗机，衣服的洗涤和甩干在同一个转笼中进行，在服装洗涤、烘干完成后的冷却过程中，一部分干洗剂可以回收，一部分则排往大气，造成污染。

全封闭制冷回收干洗机，洗涤、脱液和烘干在同一个转笼中进行，蒸发出来的溶剂蒸气经过加热，通过冷却管冷凝，再收集起来回流到溶剂箱，以供重复使用。

（2）按控制方式的自动化程度分类　干洗机有全自动干洗机与手动（或半自动）干洗机两类。

全自动干洗机由电脑控制其动作（也可手动），在干洗机的面板上有控制器，在控制器上有各种功能键与显示区。

控制器上有"启动/复位""自动/手动""加速""延时""模式""+""−"等功能键。其功能控制作用类似于全自动洗衣机，除"模式""+""−"三个功能键以外。

（3）按加热方式分类　干洗机在服装的烘干、溶剂的蒸馏过程中须加热，从加热的方式区分，干洗机可分为电加热干洗机和蒸气加热干洗机两类。

（4）按型号分类　干洗机有 6 型、10 型、16 型、18 型、20 型等类型，数字代表单机装衣容量或单机洗涤重量。

二、干洗机的代型

根据干洗机的功能复杂系数和系统配置确定干洗机的代型，就是说某种干洗机是处于哪一代。如 20 世纪 80 年代的四氯乙烯干洗机的主流机型为开启式，俗称第三代干洗机。目前最新型的全封闭式干洗机被称为第五代干洗机。不同代型干洗机的各个系统配置和复杂程度以及售价都有很大差异。具体情况见表 4-1。

表 4-1　干洗机的代型

代型	特　点
三代机	（1）四氯乙烯干洗机功能及配置 泵循环洗涤→过滤循环洗涤→脱液→烘干→溶剂蒸馏；采用通用过滤器过滤溶剂，烘干及蒸馏采用水冷冷凝器 （2）碳氢溶剂干洗机功能及配置（由两台设备组成机组） ① 泵循环洗涤→过滤循环洗涤→脱液；采用通用过滤器过滤溶剂 ② 烘干采用水冷冷凝器 ③ 无溶剂蒸馏回收功能
四代机	（1）四氯乙烯干洗机功能及配置 泵循环洗涤→过滤循环洗涤→脱液→烘干→溶剂蒸馏；采用通用过滤器加活性炭过滤器过滤溶剂；烘干及蒸馏采用水冷冷凝器加制冷机组冷凝器；活性炭吸附罐吸收残余气态干洗溶剂 （2）碳氢溶剂干洗机功能及配置 泵循环洗涤→过滤循环洗涤→脱液→烘干→溶剂蒸馏；采用通用过滤器加活性炭过滤器过滤溶剂；烘干及蒸馏采用水冷冷凝器加制冷机组冷凝器
五代机	（1）四氯乙烯干洗机功能及配置 在四代机基础上增加大容量活性炭吸附罐用以吸收几乎所有残余的气体溶剂 （2）碳氢溶剂干洗机功能及配置 在四代机基础上增加了干洗机工作舱用以氮氧置换；蒸馏箱采用抽真空减压蒸馏等方式用以提高效率和安全性能

第五代干洗机（以使用四氯乙烯溶剂的干洗机为例）的主要性能特点包括：洗涤周期短，一般在 25min 左右；溶剂耗量低，一般在 1%以下；对环境的污染度低，一般工场环境含四氯乙烯气体的质量分数低于 0.0025%。第五代干洗机的主要结构特点是：

① 采用完全封闭结构和闭合式平衡系统。

② 采用双过滤器系统，通常由生态旋转过滤器和吸附过滤器组成。

③ 采用复合回收系统。一般采用一次体内制冷回收、二次外循环吸收及自处理系统。

④ 采用低温洗涤系统。

⑤ 设置蒸馏箱自动清洗系统。

⑥ 设置分离水自动蒸发系统。

⑦ 设置隔离油盘装置，防止溶剂外溢。

⑧ 设置洗涤剂自动投放装置。

⑨ 采用电脑控制和随机自控系统。

⑩ 采用变频调速系统和全悬浮结构。

⑪ 采用多溶剂适应系统。

⑫ 采用中央制冷系统。

三、服装干洗机类型

现代服装干洗机主要有两种，即四氯乙烯干洗机和石油干洗机。

1. 四氯乙烯干洗机

四氯乙烯干洗机由洗涤系统、过滤系统、烘干回收及冷却系统、蒸馏系统、溶剂储存缸、泵、纽扣收集器等组成，如图 4-1 所示。

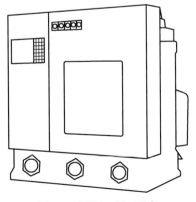

图 4-1 四氯乙烯干洗机

干洗机工作时，泵将洗涤液从存储缸抽取至转笼，电动机通过带传动使转笼运转，提供去污所需的机械力。在泵的作用下，干洗液从转笼至过滤系统、纽扣收集器再回到转笼进行循环洗涤，并将污垢留在过滤器。循环洗涤完成后，进行高速脱液，再进行烘干。与此同时，四氯乙烯气体被烘干系统的冷却装置冷却成液体回收。

根据烘干回收四氯乙烯能力的不同，四氯乙烯干洗机分为开启式干洗机和全封闭环保型干洗机。两者的主要区别在于烘干回收系统不同。

开启式干洗机的烘干回收系统为水制冷。烘干后，通过开启放风阀将剩余的四氯乙烯气体排出机体，这不仅污染空气，而且浪费洗涤液。全封闭干洗机的烘干回收系统由制冷机组完成制冷，四氯乙烯气体不外排，而是重新回到制冷回收系统，通过再次制冷回收，复用，这样既环保又节约洗涤液。

使用后的洗涤液经过蒸馏系统蒸馏，使脏的四氯乙烯洗涤液重新变成干净的四氯乙烯洗涤液，可以重复使用。

2. 石油干洗机

石油干洗机分为冷洗式和热洗式两种。冷洗式石油干洗机是指洗涤与烘干分别在两台机器内进行的开放式干洗机；热洗式石油干洗机指洗涤、干燥、蒸馏均在一台机器内进行的干洗机。冷洗式石油干洗机又分为烘干不回收和烘干回收两种，其工作原理基本相同，只是烘干过程有所不同：后者机内配置了石油系溶剂气体冷却回收系统；前者则没有烘干回收系统而是将石油系溶剂的残留蒸气完全排放到机体外。图 4-2 所示为石油干洗机。

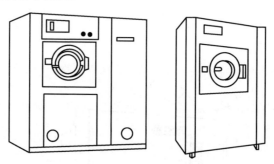

图 4-2　石油干洗机实例

（1）冷洗式石油干洗机的基本工作原理　洗涤系统提供机械作用力，过滤系统保障洗涤液洁净，通过各种传感装置，确保洗涤衣物在含氧量低、温度低的安全状态下洗涤脱液后，进入另外单独完成烘干工作的机器，经过烘干达到干燥。

（2）热洗式石油干洗机的基本原理　工作原理与冷洗式石油干洗机基本相同，不同的是热洗机已经具备了烘干回收和蒸馏回收系统；洗涤完成后，衣物在该机体中直接进入烘干系统干燥，而且洗涤液还可以进一步蒸馏净化并彻底回收循环使用。

四、干洗机的规格

按照干洗机每次所洗涤干衣物的质量来确定干洗机的规格，一般可分为 10 个等级，见表 4-2。

表 4-2　干洗机的规格

标称容量/kg	8	10	12	14	17	22	30	45	70	100
洗涤容量/kg	6～8	8～10	10～12	12～14	15～17	20～22	27～30	45	70	100

目前，我国生产的干洗机主要规格有 3kg、5kg、8kg、10kg、12kg、14kg、22kg、30kg、60kg、100kg 10 种。

国产干洗机的主要技术参数见表 4-3。

表 4-3　干洗机主要技术参数

型　　号	GX-10C	JX-GX-6A
额定洗衣容量/kg	8～10	5
洗涤转速/(r/min)	45	45
高脱转速/(r/min)	410	450
洗涤周期/(min/次)	40～60	50～60
蒸汽压力/MPa	0.4～0.5	0.4～0.5
冷却水压力/MPa	0.2～0.3	
压缩空气压力/MPa	0.4～0.5	
输入功率/kW	3.35	2.22
额定电压/V	380	220
外形尺寸/mm	1500×1200×1650	1250×1400×1710
整机质量/kg	1000	900

五、干洗机的工作系统

干洗机是具有一定复杂系数的设备，包括了机械、电气、电子、气动等多种运转系统。根据它的功能可以分成五个工作系统。详细见表 4-4。

表 4-4　干洗机的工作系统

工作系统	功能与结构
干洗机洗涤运转系统	干洗机的主要功能是干洗衣物。因此，干洗机洗涤运转系统是干洗机的主系统。干洗机的洗涤运转系统包括干洗机舱、干洗滚筒、干洗溶剂泵、纽扣收集器、干洗助剂加料舱、干洗溶剂过滤器、干洗机密封舱门、驱动电机、减速机构、干洗溶剂管路等
干洗机液体循环系统	干洗机利用干洗溶剂洗涤，干洗溶剂就要有一个液体循环系统，包括溶剂储液箱、干洗溶剂泵、纽扣收集器、干洗溶剂过滤器、液水分离器、溶剂蒸馏箱、干洗溶剂输送管路等

续表

工作系统	功能与结构
干洗机气体循环系统	干洗机完成洗涤工作后要通过烘干回收多余溶剂，使用过的干洗溶剂还要通过蒸馏净化，这期间干洗溶剂以气态形式在干洗机内形成循环。因此干洗机还有一个气态溶剂循环系统，包括烘干加热器、送风机、绒毛收集器、烘干冷凝器、蒸馏冷凝器、溶剂蒸馏箱、气体输送管路等
干洗机控制系统	上述干洗机系统在工作时有的同时进行，有的顺序进行，这涉及各种电器开关与阀门。当干洗机自动运转时由控制系统完成设定的各项指令
系统故障报警系统	干洗机的正常工作条件对电源、水源、压缩空气以及各个执行机构都有严格的要求，一旦出现故障就会造成不必要的损失。系统故障报警系统通过各种传感器传递相关部件工作状态的准确信息，在报警的同时停止干洗机的正常工作

六、干洗机工作原理

四氯乙烯干洗机工作原理如图 4-3 所示。

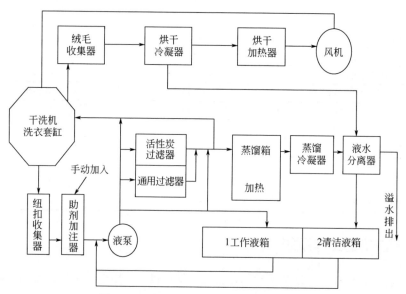

图 4-3　四氯乙烯干洗机工作原理框式图

七、干洗机的操作面板

所有的干洗机都会把各种操作按键集中在操作面板上，如图 4-4 所示。没有自动程序的干洗机每一个按键单独操作。设有自动程序干洗机的操作按键可以分成自动程序与手动程序。干洗机的生产厂家不同，操作按键的图标有一些不同，但是传达的工作内容应该是一致的。

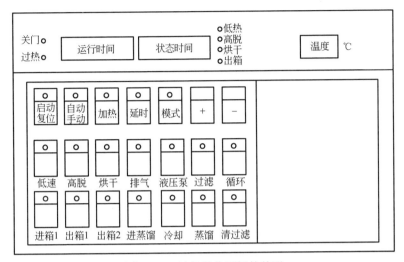

图 4-4　干洗机操作面板的外形

除 "+" "-" 键外，其余键的上方均有一个指示灯，指示当前程序状态或操作状态。

显示区有三部分，分别为运行时间（四位数）、状态时间（四位数）、温度显示（二位数）。在运行时间的左边有两个灯，一个是门未关错误指示灯，一个是过载错误指示灯；在状态时间的右边有四个状态灯，分别表示低热、高脱、烘干和出箱。开机设置时，则是指示当前正设置的时间值，运行则表示状态时间当前显示的是哪一个过程时间值。设置不同的干洗机有具体的操作，须详细阅读说明书。

手动（或半自动）干洗机在操作过程中需人工操作或部分操作需人工完成。

第二节　干洗机的技术性能

一、干洗机的技术性能指标

1. 洗净率

洗净率是指在标准使用状态下，干洗机对衣物的洗净能力，通常用洗净比来表示。洗净比为在标准状态下，被测干洗机的洗净率与参比干洗机洗净率的比值。用公式表示为

$$C=D_r/D_s$$

式中　C——洗净比；

　　　D_r——被测洗衣机的洗净率；

　　　D_s——参比洗衣机的洗净率。

国家标准规定，干洗机的洗净比应大于 75%，洗净率不均匀度小于 5%。

2. 磨损率

磨损率是指服装通过洗涤，在化学溶剂和机械力的摩擦作用下，衡量服装纤维有形磨损的一种物理指标。磨损率标准值：1 次洗涤连续 1h，磨损率小于等于 0.2%。

3. 保形率

保形率指服装通过洗涤后，在熨烫处理前能在一定程度上恢复或保持洗涤前原来形态的一种物理指标。保形率标准值受服装纤维质地、温度等因素影响，一般应大于等于 50%，保形率不均匀度小于 6%（要求较低时小于 8%）。

4. 蒸馏速度

蒸馏速度指洗衣机溶剂再生回收的速度，即每千克洗涤物在单位时间内的洗涤剂蒸馏量。实践证明，每洗涤 1kg 衣物所需洗涤溶剂的量为 2.5~5L 最好，蒸馏速度以能满足这样的溶剂量为好，但并不是越大越好。过分追求高的蒸馏速度，必然会导致功率消耗大，蒸馏箱容积加大。由于蒸馏箱的加热方法不同，行业标准中分别规定：蒸汽加热的蒸馏箱，蒸馏速度≥8L/（h·kg），即对应每千克洗涤物每小时蒸馏量≥8L；电加热的蒸馏箱蒸馏速度≥5L/（h·kg）。

5. 洗涤剂耗量

洗涤剂耗量指干洗机在一个洗涤周期中消耗的干洗剂数量与干洗剂额定洗涤容量之比，即 1kg 衣物所消耗的干洗剂数量。

洗涤剂耗量与干洗机的结构系统和洗净工艺有关，耗量越小，表明干洗机的质量越好，结构越先进。全封闭干洗机由于采用先进的制冷回收系统，洗涤剂回收率很高，可达到 98%左右；而开启式干洗机采用水冷式冷凝回收，回收率比较低，通常只能达到 94%左右。国家标准规定的干洗机的洗涤剂耗量分别为：

① 全封闭干洗机≤3%。

② 具有炭吸收回收装置的双回收系统干洗机≤1%。

6. 能源消耗量

指干洗机在洗涤衣物时所消耗的电能。蒸汽和水以每洗涤 1kg 衣物每小时的消耗量为基准，一般应符合表 4-5 规定的标准。

表 4-5　干洗机的能源消耗量

干洗机类型	耗电量/(kW·h/kg)	耗水量/(m³/kg)
电加热式全封闭干洗机	<0.085	<0.03
蒸汽加热式全封闭干洗机	<2	<0.05
电加热开启式干洗机	<0.11	<0.05
蒸汽加热开启式干洗机	<0.35	<0.05

二、干洗机的安全性能

干洗机是综合性、技术密集型产品，包括机械、气动、液压、电子自控等方面的技术，对机器的安全性能要求比较严。干洗机的安全性能主要包括电气安全、机械安全、温控安全、压力控制系统安全、供水安全、结构安全、密封安全、防腐安全、耐压安全和制冷安全等方面。详见表4-6。

表4-6　干洗机的安全性能

安全性能	安全性能要求
电气安全	① 接地要求：干洗机应可靠接地，接地线应采用绝缘层颜色为黄绿双色的多股铜线，其截面面积应>4.0mm²（铜线），接地电阻应<4Ω ② 防触电要求：干洗机的结构应能防止人身触及带电部位，带电部位的最低安装位置离地面不低于150mm ③ 绝缘要求：干洗机带电部分与外露非带电部分金属之间的绝缘电阻≥2MΩ ④ 电气强度要求：干洗机带电部分与外露非带电部分之间应能承受1min的电气强度试验，且不发生闪络或击穿现象，实验条件为单相交流电频率50Hz，电压值为1500V ⑤ 适应电压波动性能要求：干洗机在电源电压为额定电压的85%时能进行额定状态的洗涤工作；可拖动电动机，相应继电器能正常工作；当电源电压上下波动为额定值的10%时，应能正常运行
机械安全	① 干洗机装取衣物的料门应有保险装置，在洗涤过程中不能打开 ② 料门应有电气联锁装置，在料门打开时主传动系统自动停止工作，并同时接通内抽风系统
温控安全	① 转笼超温保护：烘干衣物时，热风系统应有超温保护装置，当转笼出口温度超过预定温度时应能自动切断加热电源 ② 辅助加热器安全保护：电热式辅助加热器应有超温保护装置，当入口气流温度超过预定温度时应能自动切断电源 ③ 制冷回收系统的保护：在洗涤过程中当制冷回收系统发生故障，不能达到制冷温度即制冷剂温度>10℃时，系统应能报警并锁闭料门 ④ 蒸馏超温保护：当蒸馏箱、溶剂腔的溶剂温度达到预定温度，应能自动打开冷却水旁路开关；当温度超过预定温度，应能自动切断蒸汽发生器电源 ⑤ 蒸汽发生器电热保护：当蒸汽发生器电热管的加热温度超过给定值，应能自动切断加热管电源 ⑥ 干燥加热器：电加热系统应有包括连接电热系统和二次电热系统的超温保护装置，当加热介质超过预定温度时，能自动切断加热电源
压力控制系统安全	① 电热蒸汽发生器应有压力保护装置。当蒸汽压力超过给定值时，自动断开加热电源；当压力低于给定值时，自动接通电源 ② 蒸汽系统还应有安全卸压装置。当压力大于给定压力时，能自动开启卸压；当压力小于给定压力时，能自动关闭卸压 ③ 当制冷回收系统压力大于给定值时，机组自动停止工作；当压力低于给定值时，自动恢复正常工作（自动延时后，再启动或人工再启动）

续表

安全性能	安全性能要求
供水安全	① 供给干洗机的冷却水水压必须符合要求，应在生产厂家规定的范围内。当水压低于规定值时，机器不能工作并应报警；当水压大于规定值时，机器能正常工作 ② 制冷机应有冷却自动调节装置，水调节器应能自动调整，当机组制冷剂压力大于给定值时，保证系统正常工作；当机组制冷剂压力小于给定值时，应随系统工作情况自动调节，冷却水流量相应减少 ③ 蒸馏箱蒸馏干洗剂时，蒸馏冷凝器应有冷却水供给自动调节装置，根据进入冷凝器的溶剂蒸气规定，自动调节冷却水的流量
结构安全	① 干洗机的总体构架应有足够的强度，保证洗、脱、烘全过程安全可靠 ② 转笼与洗涤衣物接触的表面应光滑、无毛刺，各疏液孔周围不应有任何尖缘，保证转笼表面绝对不会划损衣物 ③ 应设有可拆装的传动保护装置 ④ 洗涤剂管路系统应有观察视镜，用于观察溶剂供给状态及清洁度 ⑤ 蒸馏箱应有观察窗和相应的照明灯，以便观察蒸馏情况 ⑥ 干洗机应设有气动控制系统和压力平衡系统 ⑦ 外购件、紧固件应符合相应的国家标准、行业标准或企业标准 ⑧ 电气系统的装配必须牢靠 ⑨ 焊接构件应满足强度和变形要求
密封安全	① 总体构架中各部件的密封应保证良好，目测不应有渗透 ② 干洗剂管路、气路、蒸汽管路、压力平衡管路系统的堵头、接头应保证气密、不渗漏 ③ 干洗机应有封闭的润滑装置，防止润滑剂流入转笼，同时还应设有气封装置或轴封，以防止洗涤剂流入轴承中，损坏润滑剂和轴承
防腐安全	① 干洗机的钢制件应进行表面防腐处理，与洗涤剂接触的钢件应进行特殊的防腐处理 ② 蒸馏箱、溶剂腔、油水分离器、蒸馏冷凝器等部件应由不锈钢材料制成 ③ 对于强腐蚀部件应用特殊钢制造并进行特殊的防腐处理，以保证使用寿命 ④ 对于溶剂过滤箱体，如膨胀过滤器等，可以用不锈钢材料制造，也可以用一般钢材制造并进行特殊防腐处理 ⑤ 干洗机所有的密封件应耐四氯乙烯腐蚀，并有合适的硬度，保证密封
耐压安全	① 干洗机各容器应能经受 $1.25\sim1.5$ 倍额定工作压力的水压试验，保证不变形、不渗漏 ② 通常干洗机各压力容器的试验压力如下。 a. 蒸馏箱蒸汽加热腔：0.9MPa；b. 蒸汽发生器腔体：1MPa；c. 膨胀过滤器腔体：0.3MPa；d. 尼龙过滤器腔体：0.25MPa；e. 蒸馏箱：0.04MPa；f. 溶剂箱：0.02MPa
制冷安全	① 系统各部件、构件必须保持清洁干燥，主要部件的含水量必须符合规定值：a. 空气冷凝器含水量<0.01%；b. 空气预热器含水量<0.01% ② 系统所用的制冷剂的含水量应符合要求：a. 使用 R12 时其含水量<0.0002%；b. 使用 R22 时其含水量<0.0006%；c. 使用 R502 时其含水量<0.0003% ③ 制冷系统在填充制冷剂前应进行外气源气压检漏，在制冷剂的规定压力下保持24h，前6h的压力降低值应≤2%，后18h应保持压力稳定，不渗漏。a. 使用 R12 的系统试验压力为 1MPa；b. 使用 R22 的系统试验压力为 1.8MPa；c. 使用 R502 的系统试验压力为 2.5MPa ④ 制冷系统填充制冷剂前应进行真空检漏，真空度为 $0.04\sim0.08$MPa，保持24h 无泄漏 ⑤ 制冷系统制冷剂的填充应符合设计要求。例如：对于 M12 机组使用 R502 氟利昂的填充量为(4+0.1)kg

第三节 全自动服装干洗机

一、结构

全自动 GX-10C 干洗机由五大系统组成，分别是操作控制系统、洗涤工作系统、烘干工作系统、洗涤剂过滤系统和洗涤剂蒸馏系统。

① 操作控制系统包括电气操作控制系统、气动控制操作系统、手动控制操作系统三部分。电气操作控制系统主要由电气箱和电脑组成；气动控制操作系统主要由三联件、电磁先导阀和气动阀组成。

② 洗涤工作系统主要由外缸、内胆、液箱、液压泵等组成。

③ 烘干工作系统主要由加热冷凝管、风机、纤毛过滤器、油水分离器、出风阀及风道组成。

④ 洗涤剂过滤系统主要由过滤器、收集器、液压泵及洗涤剂输送管组成。

⑤ 洗涤剂蒸馏系统主要由蒸馏箱、冷凝塔及油水分离器组成。

GX-10C 干洗机的操作面板如图 4-5 所示。干洗机结构如图 4-6 所示。电路主回路如 4-7 所示。电路二次回路如图 4-8 所示。抗干扰线路如图 4-9 所示。检测回路如图 4-10 所示。洗涤管路原理图如图 4-11 所示。气动原理图如图 4-12 所示。

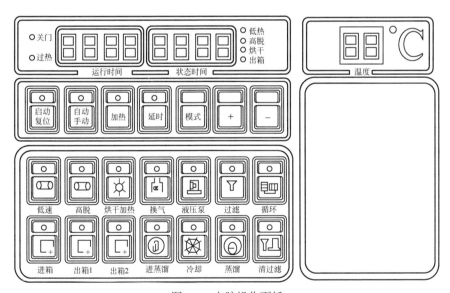

图 4-5 电脑操作面板

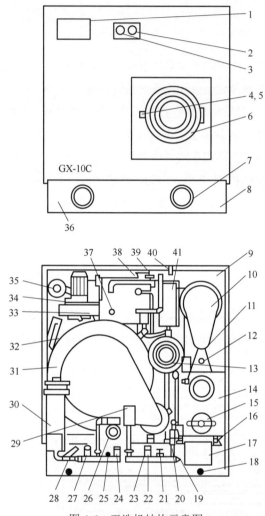

图 4-6　干洗机结构示意图

1—电脑；2—蒸汽压力表；3—过滤压力表；4—门保险把手；5—门把手；6—门；7—液箱视镜；
8—Ⅰ号液箱；9—电气箱；10—过滤器；11—排污阀；12—蒸馏箱开关；13—油水分离器；
14—蒸馏箱；15—排污门；16—疏水器；17—废料斗；18—液箱排污口；19—放液口；20—进箱阀；
21—进箱口手动阀；22—进箱Ⅰ阀；23—主自动机；24—立箱Ⅱ阀；25—加液口；26—液压泵；
27—出箱Ⅰ阀；28—循环阀；29—储液罐；30—收集器；31—外缸、内胆组件；32—纤毛过滤器；
33—风机；34—进出风阀；35—出风口；36—Ⅱ号液箱；37—冷却水回口；
38—冷凝器；39—进蒸汽口；40—进冷却水口；41—冷凝塔

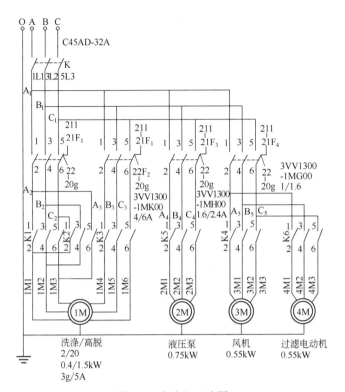

图 4-7　电路主回路图

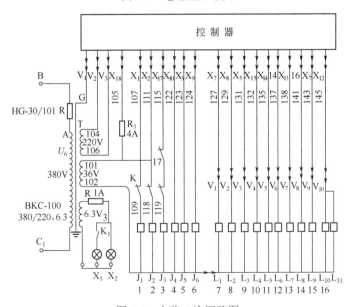

图 4-8　电路二次回路图

1—正转；2—反转；3—高脱；4—风机；5—液压泵；6—过滤电动机；7—烘干；8—蒸馏；9—出箱Ⅰ；
10—出箱Ⅱ；11—进箱；12—循环；13—过滤；14—进蒸馏；15—冷却；16—排臭

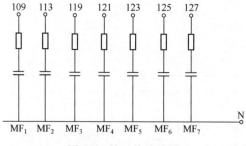

图 4-9　抗干扰线路图

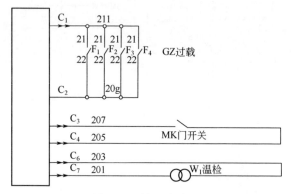

图 4-10　检测回路图

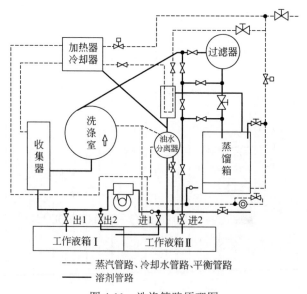

------- 蒸汽管路、冷却水管路、平衡管路
——— 溶剂管路

图 4-11　洗涤管路原理图

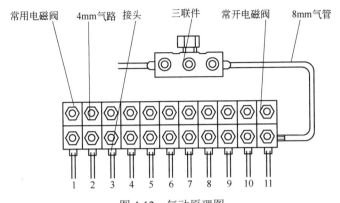

图 4-12　气动原理图

1—烘干；2—蒸馏；3—出箱Ⅰ；4—出箱Ⅱ；5—进箱；6—循环；7—过滤；
8—进蒸馏；9—冷却；10—进风；11—排臭

二、主要部件

1. 干燥冷凝器

干燥冷凝器由片状散热器冷凝管组成，散热片可用铝或铜制造，管则用铜管，要求能承受 0.5MPa 的压力试验，冷凝面积为 5.5m²。冷凝面积的大小影响干燥加热器的匹配，一般按照预定的气流温度分布参数设计，维修更换应按原冷凝面积和尺寸更换。

2. 干燥加热器

干燥加热器装在风道右侧，产生用来加热风干衣物的循环气流，由加热蒸汽缸、管状加热器和蜂窝状管网组成。干燥加热器利用二次加热原理，通过管状螺旋加热管加热空气进行热风烘干，并备有自动恒温加热保护装置和导热排放装置。

干燥加热器用 Q235 材料焊接制造，经热浸锌处理。加热温度控制在一定的范围内，高于给定值时，自动关闭加热蒸汽；低于给定值时，自动接通加热蒸汽。

3. 过滤器

过滤器安装在蒸馏箱上部，主要用作过滤由转笼排出的干洗剂，一般在过滤器中加助滤粉。在干洗过程中，干洗剂从过滤器底部入口进入过滤器筒体，流经助洗滤粉层；干洗剂经过助滤粉和滤片表面过滤后，进入空心转轴并从中排出，从而滤除溶剂中的不溶性脏物和吸附色素。

助滤粉一般由硅藻土构成，呈细小孔状，具有表面积较大的大量微粒，过滤器元件表面被助滤粉涂覆后，可以阻隔各种微粒、灰尘、颜色等脏物，从而使溶剂清洁。

过滤器由片状组合滤芯、外壳、视镜、压力表和清洗搅拌电动机等组成。滤片由棉纶布制成双层结构，内层是起支撑作用的粗棉纶网，结合部用尼龙法兰铆接。过滤器共有 21 片滤片，总过滤面积为 7.5m²，外壳用 Q235 材料制造，经热浸锌处理。洗涤 16～20 笼衣物后或循环洗涤后压力表指示值>0.15MPa 时，应对过滤器进行清洗，清洗时使用清洗电动机。清洗后把溶剂全部排进蒸馏箱进行蒸馏，然后重新加注溶剂和助滤粉。

尼龙过滤器是干洗机最常用的过滤器，其他如纸过滤器、膨胀过滤器等，工作原理基本相同，只是结构不同。

4. 油水分离器

油水分离器在机器后面与干燥冷凝器回流管路及蒸馏冷凝器回收管路连接。在烘干过程中，回收的溶剂先进入油水分离器，将溶剂中的水分离后，溶剂排到溶剂箱而水排到机外；在蒸馏溶剂时，经蒸发器冷凝回收的溶剂同样要将水分离后，再排放到缸中。油水分离器的功能就是把回收溶剂中的水分离出来排到机外，以保证溶剂中的含水量不超过允许值。

油水分离器根据重力分离的原理制成。四氯乙烯干洗剂的密度是 1.612g/cm³，而水的密度为 1g/cm³，所以当水和四氯乙烯混合在一起时，水总是浮在上层。利用重力分离原理，把四氯乙烯从分离器下部排出，水则由上部排出，其结构如图4-13 所示。

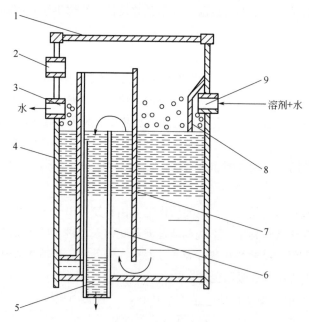

图 4-13　油水分离器

1—水分器盖；2—平衡管接口；3—水排放口；4—筒体；5—溶剂排放口；6—溶剂分离管；
7—水隔离管；8—进口挡板；9—冷凝溶剂进口

油水分离器由不锈钢制造，采用套筒分类式结构分离筒体，使水和溶剂分离，溶剂从外筒底部的分离间隙进入筒内。当溶剂积累到一定高度时，溶剂进入排放管排出，水则由套筒外排出。为保证分离精度，油水分离器在开始工作前应用纯净的四氯乙烯填充，达到排放管刚开始输出溶剂时的临界分离状态，使油水分离器形成一层重力隔离层。当回收溶剂进入油水分离器后，水将被隔断层阻隔浮在上面，不能进入分离筒内，而溶剂则从分离筒底部间隙进入筒内，保证溶剂和水可靠地分离。分离器的容积、分离速度和分离精度取决于对整机工作性能的要求，一般要满足干燥衣物和再生蒸馏同时工作时的分离需要。分离精度取决于分离间隙、预填充高度和分离结构，所以在使用维护中，不应随便更改油水分离器的结构。

5. 蒸馏箱

蒸馏箱是干洗机干洗剂再生的重要部分。经过洗涤而脏污的干洗剂，通过蒸馏箱蒸馏由液态变为气态，经蒸馏冷凝器又形成液态，再经油水分离器把水分离后，还原为纯净的溶剂。通过蒸馏可以去除溶剂内部的脏物。

蒸馏箱可以把脏的溶剂集中蒸馏再生，也可以一边洗涤一边把经过洗涤的脏溶剂蒸馏再生，蒸馏箱将根据洗涤工艺要求进行工作。

GX-10C 型干洗机的蒸馏箱是蒸汽蒸馏箱，其结构如图 4-14 所示。

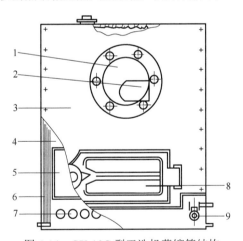

图 4-14　GX-10C 型干洗机蒸馏箱结构

1—溶剂腔视镜；2—视镜照明灯；3—外蒙皮；4—热循环管；5—溶剂腔；
6—保温层；7—加热管；8—蒸汽冷凝水放流阀门；9—排污门

6. 蒸馏冷凝器

蒸馏冷凝器是一种热交换器，借助于水冷制冷和空气冷却，使溶剂蒸气由气态变为液态。GX-10C 型干洗机的蒸馏冷凝器是水冷凝器，装在蒸馏器后上方，与蒸馏器输出管直接连接。经过蒸馏形成的溶剂蒸气在冷凝器中被冷凝形成液体，然后进入油水分离器，分离出水分后送回溶剂箱。

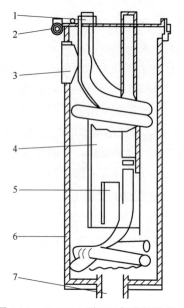

GX-10C 型干洗机的蒸馏冷凝器包括外壳和带散热片的螺旋冷凝管，外壳用耐腐蚀的不锈钢制造并经过特种防腐处理，冷凝管是用特种带翅片铜材绕制并经表面镀锡处理，其结构如图 4-15 所示。

7. 内胆组件

内胆是用来承载被洗涤的衣物，并利用与外缸旋转的机械能和溶剂的作用对衣物进行洗涤的工作室。内胆组件通过后盖板组件与外缸连接后，加上门组件便形成了一个封闭的洗涤笼。内胆被套在外缸里面，通过门组件装卸衣物，进行洗涤。内胆的结构尺寸、形状和内表面的粗糙度，对衣物的洗净度和磨损率都有决定性影响。

图 4-15　GX-10C 型干洗机蒸馏冷凝器
1—带散热片的螺旋冷凝管；2—顶管（与隔离筒连体）；3—溶剂蒸气进口；4—隔离筒；5—溶剂排放口；6—外体；7—溶剂排放口

内胆容积的大小决定了干洗机每次洗涤衣物的数量，每洗涤 1kg 干的衣物所必需的内胆容积称为容积载荷比。容积载荷比是干洗机的一个重要参数，对洗净度和磨损率的影响很大。

一般容积载荷比的取值范围为（1∶16)～(1∶20)，即每洗涤 1kg 衣物需要 16L 或 20L 的内胆容积。GX-10C 型干洗机的容积载荷比为 1∶16.5，属强洗涤型结构。

GX-10C 型干洗机的内胆组件包括内胆、丁字支撑轴、轴承、轴承法兰座和后盖板以及干洗助剂填加漏斗、开关等。内胆使用耐腐蚀的不锈钢制造，能有效地防止四氯乙烯的腐蚀，保护轴承和转轴长期可靠地工作。内胆组件如图 4-16 所示。

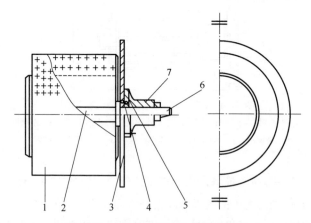

图 4-16　GX-10C 型干洗机内胆组件
1—内胆；2—内胆助翻筋；3—外缸后盖板；4—轴封；5—轴承；6—轴承座；7—丁字支撑轴

8. 门组件

干洗机的门用来装卸被洗涤的衣物，并设有视镜，用来监视干洗过程中衣物的状态。

门组件是圆形组合结构，包括门座锁扣、锁链、把手和视镜的圆门。门座和锁链都是使用特殊亮铝铸造；视镜由高温玻璃制成；门座与外筒之间的密封件以及门与门座间的密封件都是用特殊防腐橡胶制造，保证洗涤时整个筒体的密封性能好，安全可靠。门组件的结构如图 4-17 所示。

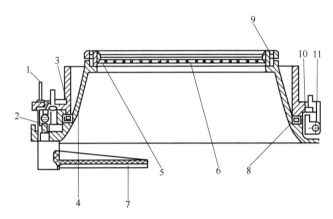

图 4-17　门组件结构

1—控制杆；2—门锁扣；3—门座；4—门；5—门玻璃板；6—门玻璃；7—门把手；8—门密封件；
9—门玻璃密封件；10—门座密封件；11—门锁链

门通过门座和外缸连接，构成封闭的空间，装盛干洗剂，完成动态洗涤过程。门上装有联锁控制开关，开始洗涤后门不能打开，如打开则干洗机立即停止工作。干洗结束，开门取衣物时排臭回路能自动接通去臭或门抽风回路形成负压防溢状态，减少残气污染。

第五章
干洗机的工作原理与操作

　　各种干洗机的基本原理、基本结构、操作大致相同。从干洗溶剂洗涤到回收为一个完整的循环，干洗机的工作过程可分为两部分：一是干洗溶剂洗涤衣服、排液、过滤、蒸馏、回收；二是干洗溶剂在服装烘干时蒸发、过滤、冷却、回收，干洗溶剂的循环过程如图 5-1 所示。

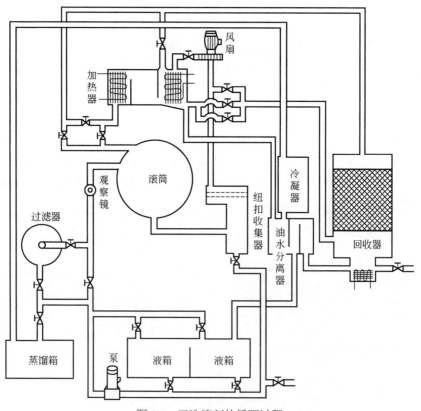

图 5-1　干洗溶剂的循环过程

第一节　上液、洗涤与脱液

一、上液

干洗机有 2～3 个液箱储存干洗剂。若是 2 个，则一个是工作溶剂箱，另一个是清洁溶剂箱；若是 3 个，则一个是清洁溶剂箱，另两个是工作溶剂箱。在上液过程中，由液面观察镜通过高低液位选择开关控制液面高度。服装干洗时机械力的大小受液位高低的影响。低液位时衣物的回落高度较大，洗净度较高，一般用来预洗衣物；高液位时由于溶剂量较大，污物沉积的可能性较小，一般用来漂洗衣物。

二、洗涤

洗涤是将分好类的服装放入已加入洗涤液的干洗机内，关好安全联锁装置，通过干洗机内转笼的转动，使服装与干洗剂作用，从而去除服装上的污垢。影响服装洗涤效果的因素有如下几个方面：

（1）转笼内装衣量　转笼内装衣量影响衣物之间的摩擦力和衣物回落的高度。容量大时，若装衣少，虽然服装回落高度大，但服装间的摩擦力不足，这是因为服装多浮在溶剂上，而浮着的衣物之间不产生摩擦。容量大而装衣多时，衣物的回落高度较小，服装活动的空间小，同样得不到足够的摩擦力。装衣太多还容易形成衣团，除了外层织物外，其他衣物所受到的机械作用力小甚至没有。从理论上讲，每 18～20L 容积洗 1kg 衣物为最佳装衣量。正确的装衣量按浸透的衣物计算，羊毛织物占容积的 1/2，丝织物占容积的 1/3，过多或者过少都会使机器的洗净度和烘干效率下降。

（2）洗涤时间　洗涤时间也是影响去污的一个因素。机械力作用时间长，衣物易于彻底清洁，但也不能过长，时间过长污垢会重新吸附到衣物上。

（3）洗涤速度　洗涤速度一般以转笼每分钟的转速计算，它决定了衣物从溶剂中抛出来又落回去的速度、衣物上的溶剂量和转笼旋转过程中衣物跌落下来的角度。高速旋转的转笼惯性大，服装贴紧在笼壁上直到接近溶剂液面再掉下来，效果不理想；转速慢的转笼惯性小，衣物一离开溶剂就掉下来，效果也不理想。衣物跌落时的最佳角度应该是与水平位置成 45°。

（4）溶剂量　溶剂量也影响机械作用力，溶剂量越大则转笼旋转时加在服装上的机械作用力也越大。使用四氯乙烯机器的洗涤运转时间能够比用石油类溶剂的机器节省一半。

干洗机的洗涤操作有三种形式。

① 控制转笼单纯正反转。

② 控制转笼正反转及洗涤液小循环，即筒体→纽扣收集器→泵→管道→筒体。

③ 控制转笼正反转及洗涤液大循环，即筒体→纽扣收集器→泵→管道→旁路阀→过滤器→蒸馏箱→回收。干洗机的洗涤流程如图 5-2 所示。

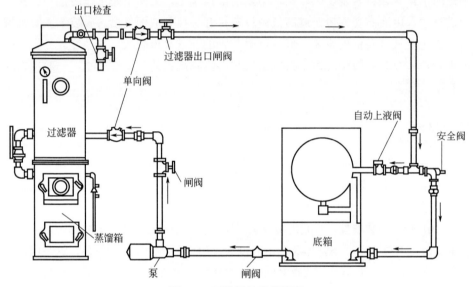

图 5-2 干洗机的洗涤流程

根据机型不同，以上操作有的可以联动，有的须按下相应的开关以达到目的。

（5）洗涤时间与次数的选择 一般来讲要把衣物上的污渍除掉至少应经过多次循环洗涤。

① 预洗。一般用小循环洗涤，洗涤时间 3min 左右。因为衣物上洗掉的污垢不能迅速地从干洗溶剂中去除，而干洗溶剂使污垢悬浮的时间有限，这时如果洗涤时间长，则会使洗掉的污垢重新沉积在衣物的表面，使服装发灰或失去光泽，所以预洗时间必须短，选择低液位。

② 漂洗。衣物预洗完后应再次用大循环对服装进行漂洗，应利于转笼内的干洗溶剂进行多次循环，只有这样才能保证去掉衣物上的不可溶污垢。可以根据沾污程度与服装特点选择循环次数。

纽扣收集器为干洗机的一个小机构，由布满细孔的金属篮及箱体、盖组成，设置于离心泵前的管道上，其作用是对工作溶剂进行粗过滤，滤去那些在工作过程中由服装上掉下来的杂质，如纽扣、附件或一些呈颗粒状的物体，以保护泵及过滤器。

三、脱液

脱液是清洗完成后去掉服装上溶剂的过程。在脱液操作时应尽量地排液，当溶剂被排出后，服装即不再被溶剂浸泡，也可通过液箱观察。当没有溶剂排出时再进行脱液，否则会对电动机造成不良影响。

脱液利用的是转笼高速旋转产生的离心力，使衣物上的溶剂在离心力的作用下通过转笼上的许多小孔甩出，从而达到脱液的目的。一般干洗机的设计转速在400～900r/min。转笼直径越大，其产生的离心力越大。与增大滚筒直径相比，增大转速对去掉服装上的溶剂更有意义。转笼的转速越高，脱液时间越短；转速越低，脱液时间越长。含湿量大的衣物，其脱液速度应低些，对含湿量大的衣物进行强力脱液会导致织物起皱。

脱液时间应根据衣物的厚薄、牢度进行选择。衣物的起皱和拉伤程度会随着脱液时间的增加而增加。对于较厚、牢度较高的服装，脱液时间可以长一些；反之脱液时间可短一些。一般标准是：普通衣物3min，羊毛织物2min，羊绒织物和丝织物1min；厚重的衣物脱液时间可适当延长些。

第二节　烘干、冷却和回收

一、烘干和冷却

脱液之后进行烘干，以进一步去掉服装上的干洗剂。脱液时通过离心力使大部分干洗剂离开服装，但服装上仍残留有干洗剂。烘干时可依靠加热空气使服装上的干洗剂汽化，去掉服装上残存的干洗剂。冷却是将经烘干处理产生的干洗剂蒸气冷却，从而得到正常温度下的溶剂，以便回收；同时被洗涤衣物也在循环的空气中得到冷却，消除了服装上残留的气味。全封闭干洗机的烘干和冷却过程与开启式干洗机不同。

1. 全封闭干洗机的烘干与冷却

全封闭干洗机的操作包括转笼正反转、高速风扇、纤毛过滤器、制冷系统、辅助加热系统等的操作。汽化的溶剂被引入一个封闭的室内，通过冷却盘管冷凝后，经油水分离器分离水分，再回到干净的溶剂箱中。全封闭干洗机的烘干、回收过程如图5-3所示。

（1）转笼　干燥后，含四氯乙烯的空气从转笼抽走。

（2）纤毛过滤器　纤毛过滤器是一个用棉布或涤棉布制成的袋子。其作用是在烘干或冷却过程中，把随着空气一起运动的纤毛收集起来，防止纤毛堵塞冷、热盘管。

（3）制冷系统　制冷系统由制冷压缩机、冷凝器、蒸发器及热盘管组成。其作用是在烘干过程中利用蒸发器使含有四氯乙烯气体的空气在经过盘管时进行冷却，

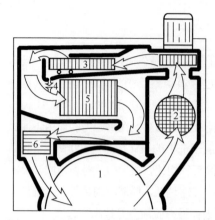

图 5-3　全封闭干洗机的烘干、回收过程

1—转笼；2—纤毛过滤器；3—制冷系统；

4—清洁箱；5—加热器；6—补热器

使四氯乙烯由气态转变为液态。

（4）清洁箱　变为液态的干洗剂经过管道至油水分离器，经过油水分离器使干净的溶剂进入清洁箱中，达到溶剂回收的目的。

（5）加热器　空气经过加热器加热后回到转笼，从制冷压缩机来的热量被送到热盘管，对流经的空气加热（这个加热方式为这类机型的主加热方式），可提高制冷系统的效率及巧妙地利用热源，以节约能源。

（6）补热器　这是一个小小的加热器，它将空气加热到干燥温度并控制所需的温度。补热器包括蒸汽加热器和电加热器两类。

在整个过程中还有高速风扇强制空气在封闭的系统中快速流动，确保有较高的烘干速度和溶剂回收率。

在完成烘干回收以后，通过机内电路切换关闭补热器，启动低速风扇。低速风扇转动使机内封闭系统的空气流动并通过纤毛过滤器进入蒸发器，使空气中残存的四氯乙烯受冷变为液滴，空气也同时被冷却。这些冷空气与刚被烘干的服装接触，使衣物冷却。如此循环往复，经过数分钟服装便冷却下来了。

2. 开启式干洗机的烘干与冷却

开启式干洗机的操作包括转笼正反转、高速风扇、纤毛过滤器、冷却水开关、热交换蒸汽开关等。图 5-4 所示为开启式干洗机烘干、回收过程。

开启式干洗机的烘干过程与全封闭式干洗机相同，但采用水冷式回收。冷凝器将含有四氯乙烯的热空气冷却，由气态变为液态，经管道流至油水分离器分离，实现溶剂的回收。烘干完成后，通过机内电路的切换关闭加热器，高速风扇、水冷盘管继续工作。开启排气口和进气口，使空气通过进气口进入机内，由高速风扇加压，形成强大的气流，流经被烘干的衣物，把衣物上一些残存的气味通过排气口排出。这样就对环境造成了一定的污染，并造成了干洗剂的浪费，这是开启式干洗机逐渐被淘汰的原因。

3. 烘干

不同干洗机的烘干温度表安装在不同的位置。过高的烘干温度会损坏衣物，带来如色斑、焦煳等问题。为此，国际织物环保协会建议，在任何情况下织物表面的温度应低于 70℃，一般织物应在 50～55℃，羊绒织物、丝绸和皮革应低于 50℃。

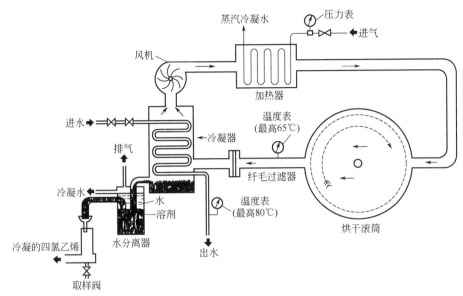

图 5-4　开启式干洗机的烘干、回收过程

烘干时间对烘干效果及溶剂回收是十分重要的。烘干时间的长短取决于烘干温度和装衣量。正常情况下（指蒸汽压力或电热效率在额定工作范围内）的烘干时间为 20min。

二、回收

回收是对干洗剂的净化回收。

1. 过滤

过滤效果直接决定着干洗质量的好坏。过滤是使干洗剂通过多孔的介质，去掉溶剂中不可溶的悬浮物质，吸附少量的颜色和脂肪，并可在短时间内消除污垢重新沉积的问题。一般要求转笼内的溶剂最好能 1min 过滤一次，也就是说溶剂的流速要快，及时地将洗下的污垢带到过滤器里，以保证洗涤的质量。过滤器有卡式过滤器和离心过滤器。

卡式过滤器由过滤器筒体及若干个标准的过滤芯组成，过滤芯由高质量的过滤纸和 200 目（粒径约 0.07mm）的活性炭组成。卡式过滤器如图 5-5 所示。

当脏的干洗剂流经卡式过滤器时，其中的污垢微粒及色素等被吸附在过滤芯上，溶剂就会变得相对干净。过滤芯经过若干次使用后积累的脏物较多，因此影响干洗溶剂的流速并且使内部压力增大。当压力超过 0.2MPa 时，就必须更换过滤芯。

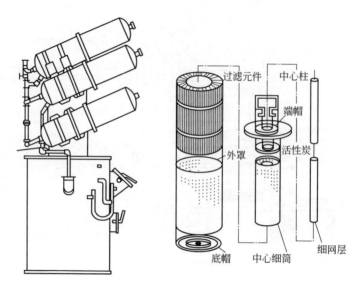

图 5-5　卡式过滤器

　　离心式过滤器由外壳、空心轴、装在空心轴上紧密叠成一排的尼龙过滤板、清理电动机及传动带组成。在使用过滤器前应通过过滤溶剂循环，即从纽扣收集器加入适量的过滤粉和炭粉，流至过滤器的尼龙过滤板上并吸附。当过滤器工作时，脏干洗剂进入过滤器，其污垢微粒等杂质被滤盘上的过滤粉阻挡，色素被活性炭吸收，溶剂经空心轴流出过滤器，可再次使用。经过滤的溶剂变得相对干净。当脏物在过滤器内积累过多时，会影响溶剂流经过滤器的速度，使内部压力增大。一般在过滤器压力表显示为 0.15MPa 时，就必须转动过滤器内部的过滤板，使吸附在过滤板上面的脏物连同过滤粉、炭粉等在离心力的作用下被甩离过滤板。打开过滤器与蒸馏箱的连通阀，使过滤器内的溶剂排进蒸馏箱里。如果要彻底地清洁过滤器，可以泵入相当于过滤器容积 2/3 的清洁剂，启动清理电动机约 1.5min，再把这些溶剂排入蒸馏器。

　　卡式过滤器使用方便、过滤效果好，但使用成本亦高；离心式过滤器的过滤效率比卡式过滤器低，且操作比较复杂，但使用成本低。

　　2. 蒸馏

　　过滤只能将污垢粗略地清洁，即把一部分污垢与微粒或色素滤掉，而不能过滤溶于溶剂的油脂等。通过蒸馏则能对溶剂进行彻底的清洁，使干洗剂可以反复使用，间接地降低了干洗成本。蒸馏是清除溶剂中各种杂质最彻底的办法。它使溶液中液体沸腾汽化出来，杂质被留下，再分离水和油，可获得清洁的溶剂。

　　蒸馏是在封闭的容器内进行的。蒸馏系统由蒸馏箱、冷凝器、油水分离器及管道组成。蒸馏箱是一个蒸汽加热（或电加热）的封闭容器，由蒸汽加热盘（或电热丝）、容器箱体、观察镜、观察灯、保险阀门及防热隔热层等组成。脏的干洗剂被蒸汽（或电热丝）加热汽化。其工作原理是：根据物质的不同蒸发温度，通过加热使那些高于四氯乙烯沸点的物质，例如干洗剂的残留物、矿物油脂、染料、过滤粉、炭粉、尘埃等杂物，留在蒸馏器内，四氯乙烯及水分受热蒸发成气体被送往冷凝器，完成第一步分离。

冷凝器是由一个螺旋状的冷却盘管及筒体组成。通过水或制冷盘管冷凝器冷凝后，回收的干净溶剂可继续使用。水冷式冷却水在盘管内自下而上流动，四氯乙烯及水蒸气等气体在盘管外部冷凝器内的空间由上向下流动，逐渐冷却变成液滴状，这些液滴直接流到油水分离器。油水分离器由箱体、观察镜、虹吸管组成，根据水和溶剂的密度不同而设计。四氯乙烯的密度比水大，因此水浮在上面，四氯乙烯沉在下面。四氯乙烯通过虹吸管流入清洁的溶剂缸里，水则通过一个直通管排出机外。四氯乙烯的蒸馏水冷过程如图 5-6 所示。

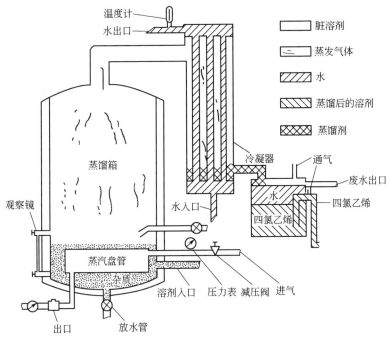

图 5-6　四氯乙烯的蒸馏水冷过程

四氯乙烯的制冷回收过程如图 5-7 所示，其工作方式与蒸馏水冷过程相同。

在蒸馏时，蒸馏箱内溶剂的液面应低于观察镜底边 5cm，此时开启蒸馏箱的蒸汽阀。蒸汽量供给应适中，并注意观察蒸馏箱内溶剂的情况。经过一段时间后，受热的溶剂开始运动但未沸腾，此时应适当减少输入的蒸汽量直至溶剂沸腾。沸腾时溶剂的泡沫高度不应大于 2cm，若高了可减小蒸汽输入量；反之则加大输入量。

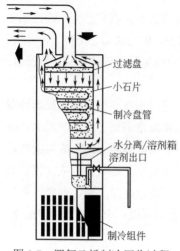

过滤盘
小石片
制冷盘管
水分离/溶剂箱
溶剂出口
制冷组件

图 5-7　四氯乙烯制冷回收过程

溶剂蒸发后的气体经冷凝器变成液体，通过管道流入油水分离器。透过观察镜可以观察溶剂的情况，此时的溶剂应清澈透明、不带颜色。蒸馏后的溶剂注入油水分离器的速度不应过快，过快会造成溶剂分离不清，降低蒸馏效果。注入速度可以通过输入蒸汽量的大小来控制。

电热式加热蒸馏箱具有自动蒸馏控制功能，蒸馏结束时电热式蒸馏箱会自动停止蒸汽的输入，蒸汽式加热缸无此功能。通过蒸馏观察镜对溶剂进行目测控制，当残留在蒸馏箱内的溶剂量高度约为 2cm 时，应切断蒸馏箱的蒸汽供给，利用蒸馏箱内加热装置的余热做最后的蒸馏。

过分蒸馏会造成干洗溶剂分解并对蒸馏箱有不良影响。蒸馏箱内的残物层应尽快排放清理，避免因聚积和硬化而形成隔热层降低热效率、增大能耗。

干洗系统的过滤粉末也同样进入加热器中，无论手动还是自动，均是用蒸馏和冷凝的方法使溶剂从脏污中分离出来。由于溶剂渗透在固体污物中，需要比一般蒸馏更高的温度才能分离。送高压蒸汽的吹除器是蒸馏箱的附加装置，蒸汽吹除器提高了从泥渣中蒸馏出溶剂的比例。现代的加热器有的采用空气来取代蒸汽，因为空气能减轻腐蚀。许多装置的蒸馏过程是在一种称作蒸馏器的设备中进行，可做普通蒸馏也能做高温吹除。

常见的蒸馏问题及可能的原因见表 5-1。

表 5-1　常见蒸馏问题及原因分析

常 见 问 题	原 因 分 析
从蒸馏箱流出的溶剂减少	① 蒸汽回水器不起作用 ② 冷凝管太脏 ③ 蒸汽管道漏气 ④ 冷却管漏水 ⑤ 油水分离器失灵 ⑥ 蒸汽压力不足 ⑦ 水压不足 ⑧ 水太热或太冷
蒸馏后的溶剂中有水（呈乳状）	① 溶剂中水分太多 ② 蒸汽吹除阀未关
蒸馏出来的溶剂脏或仍不干净	① 蒸汽压力过高 ② 溶剂污染严重 ③ 溶剂中含有清洁剂太多

第六章
干洗机的安装、使用操作和保养维修

第一节 干洗机的安装、检查与试运转

一、GX-10C 型干洗机的合理安装和接线

① 干洗机必须安装在有足够承载能力的水平地面上，机器四周必须留出足够的距离，以便操作和维修。基础安装图如图6-1所示。

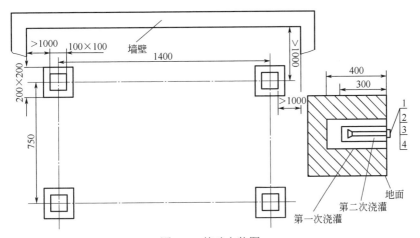

图 6-1 基础安装图

1—地脚螺栓；2—螺母；3—垫圈；4—弹簧垫圈

② 调平机器，安放地脚螺栓，灌注混凝土，待混凝土充分凝固后旋进螺母。

③ 总电源：GX-10C 型干洗机采用的电压为 380V（三相四线），安装时必须正确选择连接。"⏚"为接地标志，必须可靠接地，接地电阻值应<4Ω。注意，电气线路必须由持证电工进行安装。

④ 将空气压缩机产生的压缩气体连接到三联件上，并在三联件油杯中注满全损

耗系统用油；然后调整减压阀使压缩空气的压力保持在 0.4～0.5MPa。

⑤ 将蒸汽发生器（压力在 0.4～0.5MPa）接入机器上的进蒸汽口，并在进蒸汽口前装上手动阀门；在回气口处装上疏水器，再通过水管连接到下水道，机外蒸汽管路应采取隔热防护措施（蒸汽发生器属配套设备）。

⑥ 将冷却水（要求温度在 25℃以下，压力为 0.2～0.3MPa）接入冷却水进口，并在进水口前装上手动阀门；在回水口上接水管，再通入蓄水箱或下水道（冷却水可循环使用，但不能饮用）。

⑦ 烘干或蒸馏过程中，从油水分离器中排出的废水含有少量有害物质，不能回用，也不能直接排入下水道，应妥善处理，如收集一起运走等。

⑧ 洗涤烘干结束后会排出含有少量有害物质的气体，须净化后通过管道排出室外。

二、检查与试运转

1. 检查

在运输、装卸和安装等过程中，设备可能会受到损伤，故在运转前应做详细检查。

① 各观察镜有无破裂。

② 各种管路及接口有无松动或受损。

③ 电气线路有无破损、松脱、掉线等现象。

④ 各路气管有无破损。

⑤ 其他受损现象。

2. 试运转

经上述检查并确认无任何受损或经修复后，再进行机器的试运转。

① 向液压泵的加液口（见干洗机结构示意图）灌满洗涤剂，然后启动液压泵，观察液压泵电动机的转向是否正确（与电动机标注方向一致）。注意，液压泵内无液时不准启动液压泵。

② 启动风机观察其转向是否正确（与风机外壳标注方向一致），否则调整。

③ 启动主电动机，观察其转向是否正确（在刚启动或高脱时，内筒应顺时针旋转），否则调整。

④ 查看各启动阀门的动作是否到位。

以上检查确认无误后，将洗涤剂通过加液口或收集器加入液箱。切记：加液时要启动液压泵，打开进箱 1 阀和进箱 2 阀，从收集器向液箱加液时还必须打开循环阀。加入液箱的洗涤剂以达到液箱观察镜的 3/4 为限。确认机器各部分工作均正常后，调试结束。

第二节　干洗机洗涤操作

一、门的操作

开门时，一手握住把手，另一只手向下按保险扳手，使保险扳手松开。逆时针旋转把手90°，然后向外拉门把手即可打开洗涤室门。

关门时，右手握住门把手将门轻轻推复到位后，再将门把手顺时针旋转至保险扳手复位为止。

注意：开门、关门时，动作要轻缓，严禁过度用力；在关门时保险扳手能自动复位无须扳动；当门打开时风机会自动运转，关门后风机会自动停转。

二、手动干洗操作步骤

带循环过滤的手动干洗操作步骤如图6-2、图6-3所示。

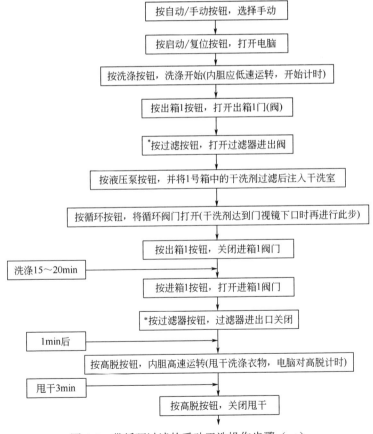

图6-2　带循环过滤的手动干洗操作步骤（一）

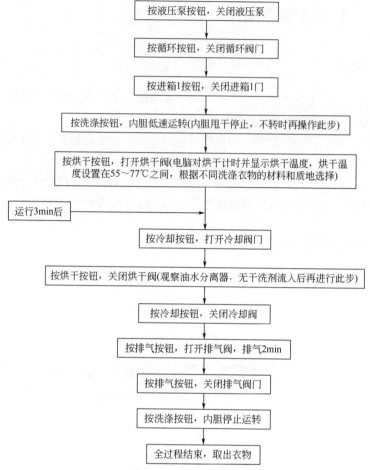

图 6-3　带循环过滤的手动干洗操作步骤（二）

不带循环过滤洗涤的操作步骤为将图 6-2 带循环过滤操作过程中带*号步骤取消。

三、自动干洗操作

干洗机的自动操作由电脑自动控制。GX-10C 型干洗机设有四套自动干洗操作程序，可按具体要求选择。自动操作时，每个程序中各阶段的时间可自动设置。

① 按程序选择按钮，根据需要选择一套洗涤程序。

② 按手动/自动按钮，选择自动。

③ 按启动/复位按钮。干洗机按所选择的程序和所设定的时间自动完成整个操作过程。

注意：GX-10C 型干洗机电脑板上的操作按钮上均有指示灯显示其工作状态，灯亮为运行状态，灯灭为停止状态。

第三节　干洗机的维护保养与故障排除

一、四氯乙烯干洗机的保养

为了使干洗机能够正常工作并延长其使用寿命，建议按以下要求定期维护保养：

① 干洗机要专人使用。操作人员应相对稳定，以保证对干洗机了解的连续性及使用的可靠性。

② 发现设备故障及时修理，故障未排除前不得使用。

③ 干洗机长时间停用期间，必须将蒸汽、水、电、压缩空气阀门关好。机内的溶剂要排出并擦干，机内的水要用压缩空气吹净。

干洗机的保养周期和项目见表6-1。

表6-1　干洗机的保养周期和项目

保养周期	保养项目
每日	① 每天上、下午要各清理一次纤毛过滤器、纽扣收集器 ② 请按干洗机说明书规定的油质和油号，向各润滑点加油 ③ 每日排放一次过滤器，蒸馏器蒸馏后必须进行一次彻底清理 ④ 每日应排放空气压缩机内的废水
每周	① 每周清理一次油水分离器。用棉丝擦净分离器内的所有杂物，恢复其良好的工作状态 ② 每周清理一次压缩空气过滤器。用软毛刷刷净过滤芯，用水清洗干净并擦干有机玻璃罩 ③ 每周应擦拭一次各观察孔的玻璃
每月	① 润滑油脂杯每月加一次新油（按说明书规定的油质） ② 检查压缩空气注油器的油门，如有必要及时添加（按说明书的油号） ③ 每月检查一次压缩空气软管接头并及时拧紧
年检	① 检查各电动机的工作情况，如发现有不正常现象应拆卸检修并加润滑油 ② 对硬化的塑料管、腐蚀严重的管道进行更换 ③ 对烘干传热器、回收冷凝器等附件等进行清洁保养 ④ 更换已损坏的零件 ⑤ 清洁所有容器内部并做好除锈工作 ⑥ 对整机做一次除锈清洁工作

二、干洗机的清理

以 GX-10C 干洗机为例，介绍干洗机的清理。

干洗机使用一段时间后，必须对有关部件进行清理，以保证机器正常工作。需要进行清理的部件有过滤器、纤毛过滤器、收集器和蒸馏箱的液箱等。详细见表6-2。

表 6-2　干洗机的清理

清理项目	清理内容与要求
过滤器的清理	过滤器的内压超过 0.15MPa（压力表显示）时就应对过滤器进行清理。清除程序为 ① 按清理过滤按钮，过滤电动机运转，开 10s 停 5s，往复 3 次 ② 打开排污手动阀，过滤器内的洗涤剂和脏物排入蒸馏箱 ③ 关闭排污阀，整个清理过程结束 每天清洗 1～2 次（或根据洗涤次数而定）
纤毛过滤器的清理	清理程序为：打开纤毛过滤器门，取出纤毛过滤器，用软刷刷掉吸附在过滤器上的绒毛，拍打纤毛过滤器，除去纤毛过滤器内的灰尘后，将纤毛过滤器装回原处并关闭纤毛过滤器门
收集器的清理	每天清理 1～2 次收集器，清理程序为：打开收集器盖，取出收集篮，除掉篮内垃圾后把收集篮装回收集器内，关上收集器盖 蒸馏箱的底部积垢严重，会影响热传递，可用下列配比的溶剂进行处理：150 质量份氯化铵加 150 质量份苏打再加 2000 质量份水
蒸馏箱的清理	蒸馏箱经缓蒸 15min，能清除积垢。一般每蒸馏两次即应清理蒸馏箱。清理程序为：打开蒸馏箱门，用拉耙（专用工具）扒出污垢，关闭蒸馏箱门
液箱的清理	当液箱底部积有较多污物时应对其进行清理，一般每半年清理一次。清理程序为 ① 将箱中的洗涤剂抽入外缸或蒸馏箱 ② 取下液箱观察视镜，旋下排污口堵头 ③ 用拉耙扒出污垢，再用清水冲洗干净 ④ 装好液箱观察镜，旋紧排污口堵头 ⑤ 将外缸中的洗涤剂抽回液箱。清理出的污物必须集中处理，以免污染环境

三、干洗剂的蒸馏

当洗涤剂的颜色变深、透明度降低时，说明干洗剂脏污，要用蒸馏的方法加以净化。详细见表 6-3。

表 6-3　干洗剂的蒸馏

干洗剂的蒸馏方法	工 作 过 程
一	将洗涤剂从工作箱注入蒸馏箱，加以蒸馏。工作过程为 ① 按出箱按钮，出箱阀门打开 ② 按进蒸馏按钮，进蒸馏阀打开 ③ 按液压泵按钮，液压泵停止运转（洗涤剂注入蒸馏箱到达观察镜一半或工作箱中的洗涤剂全部抽空时再操作） ④ 按进蒸馏按钮，进蒸馏阀关闭；按蒸馏按钮，蒸馏阀打开（对干洗剂开始蒸馏） ⑤ 按冷却按钮，冷却阀打开，冷却水循环进入水箱（蒸馏 5min 后进行） ⑥ 按蒸馏按钮，关闭蒸馏阀 [观察油水分离器，无洗涤剂流入时，打开手动小蒸汽阀（20s 后操作）] ⑦ 按冷却按钮，关闭冷却阀
二	在洗涤过程中随时将洗涤剂从外缸中抽到蒸馏箱进行蒸馏。工作过程为 ① 按进蒸馏按钮，打开蒸馏阀（洗涤剂被抽入蒸馏箱） ② 按高脱按钮，内胆高速运转，甩干洗涤衣物 ③ 再按高脱按钮，内胆停止运转，甩干结束 ④ 按进蒸馏按钮，进蒸馏阀关闭。以后的工作过程同方法一

四、四氯乙烯干洗机的常见故障及排除

1. 故障排除前检查项目

① 确认对机器的所有操作均是适当的，机器的各种管路和连接均完好无损。

② 机器电源是否切断。

2. 四氯乙烯干洗机的故障及排除

四氯乙烯干洗机的常见故障及排除方法见表6-4。

表 6-4　四氯乙烯干洗机常见故障及排除方法

故　障	原　因	排除方法
高速脱液时剧烈振动	① 安装机器时未校正水平 ② 主轴承座内轴承损坏 ③ 轴承座与外壳或墙板连接松动 ④ 洗涤服装超重 ⑤ 洗衣缸体内溶剂未排完就高速脱液	① 应校正水平 ② 应更换轴承并注意加注润滑脂 ③ 应重新紧固连接螺母 ④ 应不大于额定容量 ⑤ 应等溶剂全部放完
烘干时间长或烘不干	① 蒸汽压力不符合要求 ② 疏水阀失灵 ③ 烘干加热阀打不开或开不到位 ④ 回收室纤毛过滤器内的绒毛太多 ⑤ 风机旋转方向相反或故障 ⑥ 冷却水不足或冷却水阀故障 ⑦ 制冷机组故障 ⑧ 服装太多 ⑨ 回收装置至油水分离器管路堵塞 ⑩ 烘干冷却器集聚大量绒毛	① 应使压力符合规定值 ② 应检修或更换 ③ 应检修或更换 ④ 应清理纤毛过滤器 ⑤ 应调整风机旋转方向 ⑥ 应保持冷却水压力在规定值，如冷却水阀故障应检修或更换 ⑦ 按制冷机组常见故障排除方法排除（见表6-5） ⑧ 应保证装载不超过额定容量 ⑨ 应排除堵塞物 ⑩ 应定期清理
蒸馏速度慢	① 蒸汽压力不足 ② 疏水阀失灵 ③ 冷却水不足或电磁阀故障 ④ 蒸馏冷却器被堵 ⑤ 进蒸汽阀打不到位或打不开 ⑥ 蒸馏箱内污物杂质堆积太多	① 应保持规定值 ② 应检修或更换 ③ 应保持冷却水压力，检修或更换冷却水阀 ④ 应拆下检修，排除堵塞物 ⑤ 应检修或更换 ⑥ 应及时清理
各种自动阀门打不开	① 气动电磁阀堵塞、漏气、失控或损坏 ② 压缩空气压力不足 ③ 气缸活塞密封圈损坏 ④ 阀杆被异物卡住 ⑤ 气管漏气 ⑥ 启动系统空气油雾器未加润滑油 ⑦ 电气故障	① 应拆下检修，损坏的应更换 ② 应调整空气减压阀，使压力满足要求，如为气动三联件故障，则应检修或更换 ③ 应拆下检修或更换 ④ 应拆下检修 ⑤ 应检查气管及管接头是否损坏 ⑥ 应按要求加润滑油 ⑦ 应检查控制电路，排除故障

故　障	原　因	排除方法
蒸馏出的溶剂太脏或含水太多	① 蒸馏箱内溶剂液面太高 ② 油水分离器内溶剂太脏，未及时更换 ③ 蒸馏箱下部蒸汽室破裂，造成水蒸气进入蒸馏箱溶剂中，产生积水 ④ 蒸馏冷却器盘管破裂 ⑤ 烘干冷却器盘管破裂，造成大量的水进入油水分离器 ⑥ 蒸馏箱内脏溶剂中含有枧油等杂质，使蒸馏时产生的大量泡沫涌入油水分离器中	① 应按说明书中的要求加油 ② 应做好油水分离器的清理 ③ 应排去溶剂，检查和修理蒸汽室 ④ 应拆下检修 ⑤ 应拆下检修或更换 ⑥ 应关小蒸汽阀，减少蒸汽流量，使泡沫不直接往上涌，慢慢进行蒸馏，至蒸馏结束
洗出的服装褶皱或收缩	① 溶剂中含水量多 ② 烘干温度太高 ③ 装入的服装太多 ④ 洗涤系统漏水	① 应把含水溶剂泵入蒸馏箱重新蒸馏，并对储液箱进行清理 ② 应根据服装要求设置烘干温度 ③ 应不超过额定装载容量 ④ 检修该系统
服装洗不净、串色或洗坏	① 储液箱或过滤器内溶剂较脏或过滤粉受潮失效 ② 服装口袋内有脏物或硬物，应仔细检查塑料纽扣等是否会熔化 ③ 衣物上有盐、酱油、锈、淀粉等污渍 ④ 洗涤时间太短 ⑤ 过滤器滤网损坏，过滤器内的脏溶剂和过滤粉等进入溶剂箱	① 应将脏溶剂重新蒸馏，重新换过滤粉 ② 氯纶、丙纶、金丝绒、人造革及塑料纽扣不能干洗，在干洗前应仔细检查 ③ 先在去渍台上用专用去渍剂去除 ④ 应正确设定洗涤时间 ⑤ 应检修过滤器，更换损坏的过滤网
加液时，进入洗衣缸的溶剂流量少	① 过滤器滤网堵塞 ② 溶剂不足 ③ 加液时相关自动阀未打开而其他自动阀打开 ④ 抽液液压泵故障	① 应及时进行冲洗 ② 储液箱内应保持足够的溶剂 ③ 应检查各自动阀是否按要求打开或关闭 ④ 应拆下检修
溶剂耗量过多	① 服装未干就取出 ② 蒸馏箱清除污物时，液状残渣含大量溶剂 ③ 蒸馏箱破裂，产生泄漏 ④ 储液箱有裂纹，产生泄漏 ⑤ 自动阀门泄漏或有关容器的封口及管道密封性差 ⑥ 出风阀密封盖或密封圈损坏，溶剂被风机抽至室外 ⑦ 溶剂进入冷却器被排出机外 ⑧ 每次洗涤的服装量太少	① 应正确操作 ② 应尽量蒸干溶剂 ③ 应检查、修复或更换 ④ 应检查、修复 ⑤ 应仔细检查、更换损坏的密封零件 ⑥ 应调整阀门与阀座间的距离，使其密封可靠；密封圈损坏应更换 ⑦ 应检查烘干冷却器和蒸馏冷却器是否损坏，如损坏应及时修理 ⑧ 应按要求装载
液压泵流量不足或有鸣叫声	① 液压泵底部有杂物或泵叶松动 ② 机械密封件损坏 ③ 液压泵转向不对 ④ 液压泵电动机故障 ⑤ 有关自动阀门故障	① 应拆下检查 ② 应检修或更换 ③ 应按要求调整转向 ④ 应检修电动机或更换 ⑤ 应按自动阀门故障的排除方法进行排除

3. 制冷机组的常见故障及排除。

制冷机组的常见故障及排除方法见表 6-5。

表 6-5 制冷机组的常见故障及排除

故 障	可能的原因	排除方法
压缩机不能启动或启动后立即停机	① 电源没电、电压不够、缺相或熔丝烧断 ② 压力控制器未能调整好 ③ 水冷凝器水阀未开，压力控制器未复位 ④ 压缩机排出阀门未开	① 检查电源，重调压力控制器 ② 打开冷凝器水阀 ③ 使压力控制器复位 ④ 打开压缩机排出阀门
高、低压力控制器不工作	① 控制线路接错线 ② 高压控制器未复位 ③ 管路中阀门未开 ④ 管路被脏物堵死	① 重接控制线路 ② 使高压控制器复位 ③ 打开管路中阀门 ④ 清理出管路脏物
高、低压压力表不显示	① 管路中阀门未开，管路被脏物堵死 ② 表已损坏	① 打开管路中阀门，清理管路脏物 ② 换表
排出压力过高	① 系统中有空气 ② 水冷凝器阀未开 ③ 水压不够或水冷凝器水阀打开过小，造成水量不够 ④ 冷凝水温度过高 ⑤ 制冷剂加入太多 ⑥ 冷凝器内污垢积得太多	① 排除系统中空气 ② 打开冷凝水阀 ③ 增高水压或加开冷凝器水阀 ④ 降低冷凝水温度 ⑤ 减少制冷剂 ⑥ 清理冷凝器
排出压力过低	① 制冷剂不足 ② 冷却水温度过低或水量过大 ③ 由于吸入过量未蒸发的制冷剂导致冷凝压力过低	① 补充制冷剂 ② 提高制冷水温或减少水量 ③ 减少未蒸发的制冷剂
吸入压力过高	① 膨胀阀开得过大 ② 系统中有空气 ③ 制冷剂过多 ④ 膨胀感温包未扎紧 ⑤ 吸入阀片断裂或有泄漏	① 减少膨胀阀开度 ② 排出系统中空气 ③ 减少制冷剂 ④ 扎紧膨胀感温包 ⑤ 检修或更换吸入阀片
吸入压力过低	① 膨胀阀开得过小 ② 膨胀阀感温包充填剂泄漏 ③ 供液电磁阀未打开 ④ 过滤器堵塞 ⑤ 制冷剂不足 ⑥ 出液阀未开足	① 开大膨胀阀 ② 检修膨胀阀感温包 ③ 打开供液电磁阀 ④ 清理过滤器 ⑤ 增加制冷剂 ⑥ 开足出液阀
压缩机的温度过高	① 制冷剂温度不足 ② 膨胀阀流量过小 ③ 冷凝器散热效果不好 ④ 系统中有空气	① 补充制冷剂 ② 加大膨胀阀流量 ③ 检修冷凝器，改善散热 ④ 排除系统中空气
压缩机的温度过低	膨胀阀流量过大	减少膨胀阀流量
膨胀阀打不开或很快被堵塞	① 感温包充填物泄漏或损坏 ② 膨胀阀内过滤网被脏物堵塞 ③ 系统中有水分 ④ 在膨胀阀节流孔处冻结	① 检修或更换感温包 ② 清理过滤网 ③ 排出系统中水分 ④ 检修膨胀阀节流孔

五、全自动石油干洗机的常见故障及排除

全自动石油干洗机内设有故障监控装置，发生故障时会发出信号，同时显示灯会闪动。此时应及时根据显示灯的提示清除故障，以防发生危险。

全自动石油干洗机常见故障及处理见表6-6。

表6-6　全自动石油干洗机常见故障及处理

显示灯	故障内容	处理方式
液位	向转笼内给液开始后3min，仍无法给液或液位尚未达到1刻度	（1）按下暂停键（运转途中停止），观察过滤器压力计的读数，读数在0.15MPa（1.5kgf/cm²）以上时，说明滤芯到更换期限，应更换 （2）其他检查修理部分（检查事项） ① 给液后电磁阀是否关闭 ② 给液后排水阀是否关闭 ③ 溶剂冷却泵及其反相器的检查 ④ 门是否锁好 ⑤ 检查解除门锁的电磁开关 ⑥ 电动机热保开关的熔丝是否烧断 ⑦ 电源总开关的熔丝是否烧断 ⑧ 电源插头是否脱落
电动机异常	测出反相器异常，保护功能启动	① 按下暂停键停止运转后，切断本机主开关 ② 待转笼完全停止运转后，再次打开本机主开关 ③ 按下暂停键，重新启动
电动机异常	测出反相器异常，保护功能启动	如果电动机仍然异常，切断总开关，由专业人员进行检查修理。检查事项包括 ① 洗衣机转笼用反相器 ② 泵的切换器 ③ 泵 ④ 洗衣转笼的电动机是否有故障 ⑤ 电磁开关
给液不足	液箱内溶剂不足	运转结束后，参照说明书补充溶剂
液温过高	洗净过程中，液温达到36℃以上	① 使用溶剂冷却装置时，将溶剂冷却装置的温度定在25℃；安装制冷设备，使用热交换器时，检查附设的空调设备电源是否合上 ② 按下功能键（只设定脱液） ③ 按下启动键，设备运转（进行衣物脱液） 除①以外，脱液后关闭本机总开关，由专业人员进行检查，检查事项包括 ① 检查附设的空调设备 ② 检查是否是因滤芯堵塞引起流量降低 ③ 检查液温热敏电阻是否有故障

续表

显示灯		故障内容	处理方式
脱液不良	排液不良	转笼内残留液体排液开始 2min 后，转笼内液体仍未流入排液箱	① 按下暂停键（停止运转） ② 检查排液管路内是否堆积异物 ③ 按下暂停键，重新启动 ④ 此时，排液闸门由闭至开，检查是否排液 在仍不排液的情况下，切断本机主开关，由专业人员检查。检查事项包括 ① 排液闸门的锁口是否有故障 ② 液位压力传感器是否异常 ③ 液位压力传感器的空气阀门是否异常 ④ 排液管内是否有异物
	平衡不良	转笼内无残留液体，振动开关连续动作	① 按下暂停键 ② 打开门，疏散缠在一起的衣物，将不易分散的取出 ③ 关上门 ④ 按下暂停键，重新启动

第七章
湿洗技术与设备

湿洗技术于 20 世纪 90 年代初期首先在欧洲出现。据了解，湿洗技术最早由欧洲的洗涤去渍剂生产厂家与洗涤设备生产厂家共同研发推出。它是针对干洗洗涤和水洗洗涤的某些局限性推出的一项新技术。湿洗技术解决了一些干洗洗涤和水洗洗涤当中难以解决的问题，以更好的洗涤效果代替了一部分传统干洗或水洗。湿洗技术在节约能源、环境保护以及保健卫生等方面具有显著的优势。所以在欧洲市场上湿洗技术迅速进入了服务领域，很快就覆盖了 30%以上的洗衣店，目前在欧洲已经有超过半数的洗衣店采用湿洗技术为顾客服务。

湿洗技术在洗衣观念方面有一些明显的突破，在提高洗涤洁净度和提高劳动效率方面更有其特有的优势。但是新技术的研发推广仍然需要一定的过程和时间。而新技术的推广普及也需要一定的代价。由于目前湿洗技术所使用的专用洗涤剂和助剂尚未国产化，湿洗的运作成本仍然偏高，进行大面积的推广和普及有一定的难度。但是随着经济发展水平的提高和科学技术的进步，湿洗技术一定会在洗衣业占有一定的地位。

湿洗技术进入中国和进一步普及虽然还需要时间，但是学习和掌握新技术是全国洗染业不断进步和提高的必然趋势。为此，我们在本章对湿洗技术进行较为系统的介绍。

第一节　湿洗技术概述

一、湿洗及其基本特点

1. 湿洗的概念

湿洗是在洗涤机械力受到严格控制的条件下，使用专用的洗涤剂及洗涤助剂，为织物注入纤维保护剂，在完成织物洁净度、提升纤维之间密度的同时，降低织物洗涤所产生的磨损度，并在烘干时为织物提供保护的洗涤技术。

2. 湿洗的基本特点

① 与干洗相比具有更强的去除水溶性污垢的能力，湿洗后的衣物具有相当于水洗洗涤的洗净度。

② 没有干洗的脱脂作用，经过多次湿洗后衣物仍能保持柔软的手感和鲜艳的色泽。

③ 具有类似干洗洗涤对衣物的保型功能，且对衣物的磨损较少。

④ 可以准确地控制洗涤强度，可以完全代替必须采用手工水洗衣物的洗涤。

⑤ 烘干过程与干洗烘干类似，比干洗烘干时间更短，更节能。

⑥ 与水洗相比节水超过半数以上，所排废水非常容易降解。

⑦ 不使用有机溶剂，不污染操作环境。

二、湿洗动态与发展前景

随着人们生活水平的提高以及对环境保护的要求越来越高，传统洗衣模式开始受到冲击。在新型洗衣模式当中，湿洗以其洗涤效果良好、环境污染少和操作方便等优势而最具有发展潜力。

一些发达国家的湿洗技术已经具有一定规模，并且为消费者所认同，在一定范围内替代干洗已经有了必要的基础。预计湿洗技术的推广与普及只是时间问题。

各种新型再生纤维素纤维、再生蛋白质纤维或一些新型面料大都要求采用手工水洗，从而使洗涤效率和洗净度受到一定的制约。劳动力成本的持续提高，洗衣技术的发展和科技的进步，都必然要求采用先进的、机械化程度更高的湿洗技术。

三、适宜湿洗的服装

湿洗特别适合洗涤那些干洗后不尽如人意的衣物或要求手工水洗的衣物，如羊毛衫、羊绒衫、毛毯、丝绸衬衫等。目前还不能洗涤正装类上衣，如西服、中山服、军官警官上衣等。适合湿洗的衣物具体品种如下：

① 纯毛、毛混纺、全棉、棉混纺的西裤、西装裙、夹克、风衣等。

② 毛衣、毛裤、羊毛衫、羊绒衫、羊绒大衣等。

③ 纯毛、毛混纺的各种毛毯。

④ 各种纯毛或毛混纺的呢绒外衣、大衣等（西装上衣除外）。

⑤ 各种真丝上衣、裙、裤等。

⑥ 各种新型化学纤维面料制作的服装。

四、不适宜湿洗的服装

① 带有硬衬的正装西服类（中山服、军官警官服装等）、大衣类衣物。
② 含有兔毛纤维的针织类衣物。
③ 未经预缩的麻类纺织品。
④ 各种装饰物过多的衣物。
⑤ 内部填充物为羊毛絮片的防寒服。
⑥ 使用了水性胶黏剂的复合面料或衬布的衣物。

五、湿洗设备要求

① 湿洗设备的机械结构与滚筒式水洗机相同，要求具有液位设置与控制、温度设置与控制等功能。
② 要求洗衣转筒的洗涤转速和脱水转速可调，即主电机应为调频电机。
③ 要求洗衣转筒的转动时间和停顿时间在 3～60s 之间可调，即洗衣转筒的转停比可调。
④ 必须配备烘干机。

第二节　洗涤剂、助剂以及使用方法、用量

一、洗涤剂与洗涤助剂

湿洗洗涤剂和洗涤助剂多见于欧洲产品。目前我们接触到的是产自德国的克施勒（Krcusslcr）系列湿洗专用洗涤剂和助剂。湿洗洗涤剂和助剂基本上包括表 7-1 所示的三种。

表 7-1　洗涤剂与洗涤助剂

洗涤剂与洗涤助剂	功能和特点
LANADOL AVANT 湿洗预处理剂（AV）	在湿洗前，用于重点污垢的预处理，对衣物上的油污和色素有很好的去除效果。AV 对于大多数衣物的纤维和颜色都是安全的
LANADOL AKTIV 湿洗洗涤剂（AK）	湿洗的主要洗涤剂，能强力溶解油污和色素，性能非常温和。可以防止衣料缩水，保护衬布。并具有增强固色的作用，防止面料脱色
LANADOL APRET 湿洗整型剂（AP）	湿洗后的整型剂，用于湿洗后进行整型，湿洗后整型是湿洗技术的关键环节。AP 整型剂具有多种作用，能够确保衣物不会像一般水洗那样产生抽缩与变形，并使衣物保持柔软蓬松的手感，必须认真使用湿洗型剂，并需要严格控制使用量

二、湿洗洗涤剂、助剂的用量和用法

根据福奈特引进的湿洗技术，选择了德国克施勒（Krcuaslcr）系列湿洗专用洗涤剂和助剂。其具体使用量和使用方法见表 7-2。

表 7-2　洗涤剂与洗涤助剂的使用方法和使用量

洗涤剂与洗涤助剂	使用方法和使用量
LANADOL AVANT 湿洗预处理剂（AV）	AV 用于湿洗前预处理。在装机洗涤之前均匀涂抹在重点污垢处，停留 5～10min 后进机洗涤。领口、袖口等重点污垢处一定要涂抹，否则影响衣物的洗净度 可以使用 AV 原液进行处理，也可以根据情况 1∶3 加水稀释后使用
LANADOL AKTIV 湿洗洗涤剂（AK）	专用湿洗洗涤剂。根据每一车衣物数量加注在机顶加料盒 A 槽中（机顶加料盒左边第一盒），设备运行时通过清水自动冲入机内。在两次洗涤的程序中分别加注在 A 槽（机顶加料盒左边盒）和 B 槽（机顶中间加料盒）中，设备运行时自动冲入机内 用量：每 10kg 衣物加入 50～100mL
LANADOL APRET 湿洗整型剂（AP）	湿洗整型剂，使用时加注在机顶加料盒 C 槽（机顶加料盒右边盒）中，设备运行时通过清水自动冲入机内。 用量：每 10kg 衣物加入 50mL 左右

第三节　湿洗的操作

一、湿洗的分类规则

湿洗与干洗或水洗一样，洗前要对被洗的衣物进行分类。其分类原则与干洗或水洗大体相似，只略有区别。

① 按颜色深浅分类洗涤。

② 按衣物承受洗涤强度的能力（考虑纤维成分、染色牢度以及织物结构等相关因素）分类洗涤。

③ 按衣物大小（单件重量）分类洗涤。

④ 按衣物污垢量的不同程度分类洗涤。

二、湿洗程序的选择和应用

欧洲洗涤设备生产厂家生产带有湿洗功能的工业洗衣机。目前我们接触到的带有湿洗功能洗涤设备的生产厂家共有两家，一为依普索（IPSO），二为普瑞缪斯（PRIMUS）。下面分别介绍这两种工业洗衣机的湿洗程序，同时介绍不同程序所适应的衣物洗涤范围。

1. IPSO HW164 水洗（湿洗）机

IPSO HW164 水洗（湿洗）机共有 15 个程序，其中 1#~9#程序为水洗程序，10#~15#程序为湿洗程序。

湿洗程序的具体运转情况和适用范围见表 7-3。

表 7-3　IPSO HW164 水洗（湿洗）机湿洗程序

湿洗程序	适用服装	洗涤	漂洗	脱水
10#程序：轻柔洗涤程序	羊绒衫、丝绸面料衬衫、裙子、西裤等	14min，30℃ 低液位，转速：40r/min 转停方式：转4s停56s 静止排水，低速甩干 使用洗涤助剂：AK	7min，30℃ 低液位，转速：40r/min 转停方式：转12s停3s 静止排水 使用洗涤助剂：AP	低速：500r/min，1min 高速：1000r/min，7min 脱散：1min
11#程序：柔和洗涤程序	羊毛衫、羊绒衫、羊毛围巾、纯毛面料裤子、毛裙等	洗涤 1：8min，30℃；低液位，转速为45r/min；转停方式为转 3s 停 27s；静止排水，使用洗涤助剂为 AK 洗涤 2：7min，30℃；低液位，转速为40r/min；转停方式为转 4s 停 56s；排水，低速脱水，使用洗涤助剂为AK	8min，常温 低液位，转速：40r/min 转停方式：转 3s 停 27s 静止排水，低速脱水 使用洗涤助剂：AP	低速：500r/min，1min 高速：1000r/min，7min 脱散：1min
12#程序：常规湿洗程序	各种纯毛衣物、毛纺大衣、风衣等	洗涤 1：14min，40℃；低液位，转速为45r/min；转停方式为转 6s 停 9s；排水，使用洗涤助剂为 AK 洗涤 2：6min，40℃；低液位，转速为40r/min；转停方式为转 5s 停 10s；排水，使用洗涤助剂为 AK	5min，常温 低液位，转速：40r/min 转停方式：转 6s 停 9s 静止排水 使用洗涤助剂：AP	低速：500r/min，1min 高速：1000r/min，7min 脱散：1min
13#程序：皮衣以及备用程序	湿洗皮衣以及备用程序	洗涤 1：5min，常温；低液位，转速为40r/min；转停方式为转 5s 停 10s；排水，使用洗涤助剂为 AK 洗涤 2：5min，常温；低液位，转速为40r/min；转停方式为转 5s 停 10s；静止排水；使用洗涤助剂为 AK	14min，室温 低液位，转速：40r/min 转停方式：转 5s 停 10s 静止排水 使用洗涤助剂：AK、AP	低速：500r/min，1min 高速：1000r/min，11min 脱散：1min

续表

湿洗程序	适用服装	洗涤	漂洗	脱水
14#程序：洗涤与防尘防水处理程序	需要进行防尘以及防水处理的衣物洗涤及后处理程序	洗涤 1：8min，40℃；低液位，转速为 40r/min；转停方式为转 12s 停 3s；排水时间为 2min；使用洗涤助剂为 AK 洗涤 2：8min，40℃；低液位，转速为 40r/min；转停方式为转 12s 停 3s；排水时间为 2min；使用洗涤助剂为 AK	漂洗 1：2min，室温；高液位，转速为 40r/min；转停方式为转 12s 停 3s；排水时间为 2min；脱水转速为 500r/min 漂洗 2：2min，室温；高液位，转速为 40r/min；转停方式为转 12s 停 3s；脱水转速为 500r/min 漂洗 3：8min，室温；低液位，转速为 40r/min；转停方式为转 12s 停 3s；静止排水	低速：500r/min，1min 高速：1000r/min，2min 脱散：1min
15#程序：原 10#程序更新版，轻柔洗涤	同 10#程序	洗涤 1：10r/min，30℃；低液位，转速为 35r/min；转停方式为转 10s 停 15s；静止排水；使用洗涤助剂为 AK 洗涤 2：3min，30℃；低液位，转速为 35r/min；转停方式为转 10s 停 15s；排水时间为 2min；脱水转速为 500r/min；使用洗涤助剂为 AK	10min，30℃ 低液位，转速：35r/min 转停方式：转 5s 停 40s 静止排水 使用洗涤助剂：AP	低速：500r/min，3min 高速：800r/min，3min 脱散：1min

2. PRIMUS 16kg 水洗机湿洗程序

PRIMUS 16kg 水洗机湿洗程序见表 7-4。

表 7-4　PRIMUS 16kg 水洗机湿洗程序

湿洗程序	适用服装	洗涤	漂洗	打散
一般温和洗涤程序	各种毛衣、毛裤、羊毛衫、毛毯，以及纯毛衣物、毛纺大衣、风衣等	洗涤温度：30℃ 洗涤液位：低液位洗涤（24） 转停方式：转 3s 停 57s 洗涤时间：8min 转速：35r/min 排水：静止状态排水 30s 脱水：450r/min，1.5min 使用洗涤助剂：AK	洗涤温度：室温 洗涤液位：高液位洗涤（24） 转停方式：转 3s 停 57s 洗涤时间：5min 转速：35r/min 排水：静止状态排水 30s 脱水：950r/min，3min 减速：时间为 30s 使用洗涤助剂：AP	转停方式：正常 时间：30s
柔和洗涤程序	羊绒衫、羊绒大衣、丝绸衬衫、裙子等	洗涤温度：30℃ 洗涤液位：低液位洗涤 转停方式：转 3s 停 57s 洗涤时间：8min 转速：35r/min 排水：静止状态排水 30s 脱水：450r/min，1.5min 使用洗涤助剂：AK	洗涤温度：室温 洗涤液位：采用普通高液位洗涤 转停方式：转 3s 停 57s 洗涤时间：5min 转速：35r/min 排水：静止状态排水 30s 脱水：600r/min，2min 减速时间：30s 使用洗涤助剂：AP	转停方式：正常 转速：35r/min

续表

湿洗程序	适用服装	洗涤	漂洗	打散
皮衣湿洗程序	皮革皮毛衣物	洗涤温度：30℃ 洗涤液位：低液位洗涤（24） 转停方式：转 15s 停 15s 洗涤时间：10min 转速：35r/min 排水：静止状态排水 30s 使用洗涤助剂：专用皮衣洗涤剂	漂洗 1：洗涤温度为 30℃；洗涤液位为低液位洗涤（24）；转停方式为转 15s 停 15s；洗涤时间为 2min；转速为 35r/min；排水时间为静止状态排水 30s；脱水参数为 450r/min，1.5min；助剂为专用皮衣洗涤助剂 漂洗 2：洗涤温度为 30℃；洗涤液位为低液位洗涤（24）；转停方式为转 3s 停 57s；洗涤时间为 8min；转速为 35r/min；排水时间为静止状态排水 30s；脱水参数为 500r/min，1.5min，800r/min，2.5min 助剂为专用洗涤助剂	转速：35r/min 时间：30s
防水防尘整理程序		整理 处理温度：30℃ 洗涤液位：低液位洗涤（24） 转停方式：转 15s 停 15s 处理时间：5min 转速：35r/min 排水：静止状态排水 30s 助剂：专用防水防尘整理剂	脱水 转速：700r/min 时间：2.5min	时间：30s 转速：35r/min

三、湿洗操作要点

1. 设备装载量

使用湿洗程序时洗衣转筒舱内装载衣物量有比较严格的要求：

① 对于一般衣物洗涤时可以装载容量的 60%～70%，不能装满。

② 洗涤比较娇柔的衣物时，装载不超过容量的 50%。

③ 必须考虑同一车衣物的单件重量和大小应当彼此相类似。

2. 干燥操作要求

湿洗后的衣物的烘干过程很重要，应该符合相关要求：

① 湿洗后烘干时不可彻底烘透，要留下 10% 左右的水分，最后靠晾干完成彻底干燥的过程。严格控制残留 10% 左右的水分至关重要。

② 烘干时，机内温度应在 80℃左右，烘干机蒸汽排出口的温度应在 60℃左右。

③ 一般烘干时间在 2～4min。

3. 预处理剂

AV 用于洗涤前对重点污垢的预处理，涂抹 AV 后保持 5～10min 再装机进行洗涤。

4. 其他

污垢特别严重的衣物在湿洗过程中，洗净度有可能不尽如人意，这时可以进行重复洗涤。根据衣物条件及污垢情况，还可以选用干洗方式或水洗方式解决。

四、关于湿洗后衣物的熨烫

由于湿洗过程中使用了衣物整型剂，衣物上面吸附了相关的助剂，所以湿洗后的面料具有一定的抗皱性能。如需要熨烫裤线折痕，熨烫时需要较强的熨烫和定型力度才能获得平整挺括的效果。

整型剂的使用至关重要，它是保证湿洗衣物不变形的主要手段。但是用量必须严格控制，整型剂用量过多或过少都会对熨烫效果造成影响。

湿洗后的衣物在甩干时一般不会留下细小的褶皱，羊毛衫和羊绒衫类衣物洗后效果尤为突出。因此这类衣物湿洗后的熨烫工作更为简单。

第八章
皮制服装的材料与洗涤

皮制服装的洗涤保养和调理，是服装洗熨行业的一项重要服务业务，但是这项业务的技术比较复杂，在洗涤保养和调理过程中，有许多难题需要解决。本章将系统介绍有关皮制服装洗涤保养与调理等方面的常识和技术。

第一节　皮制服装的原材料

现代皮制服装的原材料有天然毛皮革和人造皮革两大类。前者又细分为裘皮（也称毛皮）、皮革和毛革三类；后者又细分为人造革和合成革两类。

一、服用天然皮革面料

服用天然皮革面料都是由生皮加工处理获得的。生皮是指直接从动物体上剥下来，未经过化学处理和机械加工的动物皮。生皮一般不能保持新鲜、柔软的状态，湿的时候很容易腐烂，晾干后变得干硬，不耐曲折，容易断裂，容易虫蛀，怕水，没有直接的应用价值；但可以在化学物质作用下改变原来的性质，在 65℃ 以上的热水中容易出现收缩现象。

生皮经过不同的加工处理，可获得裘皮、皮革和毛革。裘皮、皮革和毛革的概念、服用性能及加工处理方法见表 8-1。

二、裘皮

1. 裘皮的结构组成

裘皮由毛被和皮板两部分组成。

表8-1 裘皮、皮革和毛革的概念、服用性能及加工处理方法

分类	概念	服用性能	加工处理方法
裘皮	裘皮是指将生皮上的皮组织经过化学和机械处理后的动物毛皮	裘皮由毛被和皮板组成。皮板厚实紧密，不易透风，而毛被在绒毛间形成了空气层，使相对静止的空气禁闭在毛被的绒毛中，热量不易散发，所以裘皮具有良好的保暖性能。同时，裘皮在外观上也保留着动物毛皮的自然纹样，而且质地柔软、手感滑顺、坚实耐用、高贵华丽、吸湿透气、服用性能良好	裘皮是动物毛皮经检疫、消毒和防疫，去掉虫卵、消灭病菌，经浸水、去肉，洗涤脱脂（去掉油渣），去掉油膜、板内脂肪和制裘无用物，经浸酸、软化和鞣制交联纤维使皮蛋白质变性而制成。耐水耐用的裘皮可长期存放而不腐烂变质 常用的鞣制方法有甲醛鞣、铝鞣和铬鞣。甲醛鞣是国内目前普遍采用的方法。经甲醛鞣的裘皮，皮板洁白柔软、耐水，有较高的收缩温度，但皮板易产生轻度收缩，弹性虽有所增加但稳定性差。生产中多采用铝鞣或铬鞣的结合鞣制，但技术要求和成本均高。目前只用于貂皮、狐皮等中高档皮毛的加工处理。铬鞣裘皮具有良好的耐水性和抗热性，长时间保存也不易变质，但出皮率低、延伸性差，皮板呈绿色，目前已被其他鞣法所代替，特别是价值较高的毛皮更少采用。但铬制裘皮有伸缩率大等优点，对皮板较薄、毛被疏的皮张进行铬制，能使成品皮板变厚，毛被相对紧密，从而提高产品质量
皮革	皮革是指将动物生皮上的表皮、皮下组织去除以后，经过机械和化学处理的光面或绒面皮板	由于动物皮的品种及其加工方法和染色处理方式不同，形成了各种风格和质地的正面革和绒面革面料。高档的皮革料柔软丰满，粒面细致，富有光泽（绒面革则绒面细密、柔软光洁）、透气、坚牢耐穿	制革过程一般分为三个阶段：准备阶段、鞣制阶段和整饰阶段 准备阶段，主要是去除动物皮上原有的物质，如毛、脂肪、皮内的各种腺体和可溶性蛋白质等，并对动物皮的胶原纤维（即构成皮革的主体）进行处理，以利于后面的加工和提高皮革的品质。主要工序有浸水、去肉、脱毛、浸毛、浸灰、脱脂、软化、浸酸。鞣制阶段主要是通过化学方法使动物皮的胶原纤维在结构上发生变化，使其从"皮"变成"革"。同时，也决定了皮革的品质和性能，主要工序有预鞣、主鞣制和复鞣。整饰阶段主要是赋予皮革一些特殊的感官性能，如厚薄度、柔软性、颜色、表面状态以及防水性等。主要工序有剖层、消匀、中和、染色、加脂、干燥、做软、平展、磨革、涂饰、压花
毛革	毛革是指将表面网状层加工成绒面和光面的毛皮	具有轻、软、暖、防水、不易污染、易清洁、卫生性能好、毛革正反两用等优点	

（1）毛被 由针毛、绒毛和粗毛三种毛体组成。

① 针毛。少而长，呈针状，光泽好，弹性比较强。针毛主要是保护毛中的绒毛，它可以有效地防止绒毛浸湿后磨损。

② 绒毛。其作用主要是保持温度。绒毛的密度和厚度越大，毛皮的保暖性越好。

③ 粗毛。粗毛在针毛和绒毛之间，其上半部分像针毛，下半部分像绒毛。

（2）皮板 由表皮层、真皮层和皮下层组成。

① 表皮层。一般牢度较低，在加工过程中会被去除掉。表皮层的厚度是总皮厚度的0.5%～3%。

② 真皮层。是鞣制皮革的主要部分，占总皮厚度的90%～95%。真皮层可分为两层，上层呈粒状结构，叫乳头层，当表皮层除去以后，乳头层露出，即皮革的表面，称为"粒面"。真皮层是由一种蛋白质——胶原构成的纤维，这种胶原纤维占真皮纤维的95%～98%。

③ 皮下层。主要成分是脂肪，很松软，在制革中要将其去除。

2. 裘皮的分类和品种

按照裘皮的皮板厚度和毛被的长短及外观质量，裘皮分为四类。

（1）短毛细皮　这类裘皮毛短、细密柔软，如紫貂皮、水獭皮等，是高档产品，主要用于制作皮帽和中长大衣。

（2）长毛细皮　长毛细皮主要是指毛长、毛皮张幅大的高档产品，如狐狸皮、貉子皮等。主要用于制作皮帽、长短大衣等。

（3）粗毛皮　粗毛皮指毛长且张幅稍大的毛皮，主要品种有羊皮、狗皮、狼皮、豹皮等。

（4）杂毛皮　如猫皮、兔皮等。

裘皮类面料主要品种见表8-2。

表8-2　裘皮类面料主要品种

分类	毛皮名	形态与特点	用　途
小细毛皮	紫貂皮（紫貂）	又名黑貂。体毛呈棕黑色并掺有稀疏银白色针毛。毛被细而柔软，底绒丰富而厚，清晰光亮，是我国驰名世界的名贵毛皮	高级翻皮大衣、披肩、围巾、帽子
	水獭皮（水獭）	又名水狗。体毛呈黑褐色或黄褐色，针毛较粗糙，缺乏光泽，底绒毛细柔厚实，直立挺拔，不易被水浸湿，保暖性好，为我国珍贵裘皮之一	拔针毛皮可做翻皮大衣、披肩、围巾；带针毛皮可做毛领帽及民族服装
	黄狼皮（黄鼬）	毛为棕黄色，腹部的毛色较浅。色泽鲜艳，绒毛短而稠密，针毛有极好的光泽，形成整齐的毛峰和细绒毛。皮板坚韧厚实，防水耐磨。属高档毛皮	制作翻皮大衣、披肩、围巾、帽子
	艾虎皮	又名地狗。艾虎背部与尾部的毛色为淡黄色或淡棕色，腰背部有些黑尖长毛，因而形成浅黑色。冬季毛被呈黑色。毛被的针毛和绒毛都较细软，毛被厚度不大。属珍贵毛皮	制作中式皮袄、翻皮大衣、披肩、围巾、帽子
	灰鼠皮（松鼠）	体毛呈灰色、暗褐色或灰褐色，腹部为白色。毛细绒密，皮板丰满，质地轻软，色泽光亮，毛皮质量较好	中式皮袄、翻皮大衣、披肩、帽子
	水貂皮	水貂体毛为黑褐色，腹部有白斑。毛被光滑、柔软、轻便，毛绒丰厚稠密，皮板结实耐穿。是珍贵毛皮	翻皮大衣、披肩、围巾
	香狸皮（小灵猫）	毛色灰黄带褐，背部有黑纹及斑点，颈部有黑白相间的波状纹，尾部有黑白相间的环纹。毛色均匀，毛被坚挺，底绒丰富，皮板柔韧、有弹力。属珍贵毛皮	翻皮大衣、披肩、围巾、帽子
大细毛皮	狐狸皮（狐）	狐狸有银狐、白狐、红狐、沙狐等多个种类。由于地区和自然条件的不同，其皮板、毛被、颜色、张幅等各异。毛皮质量以东北的为最好，毛细绒厚，皮板厚软，拉力强，色泽大多为棕红色，御寒能力强。而产于广西的则质量稍差，毛短绒粗，色红黑无光泽，皮板略显干涩	翻皮大衣、披肩、围巾、皮里等
	貉子皮（貉）	又名狗獾，貌似狐狸。体色棕灰，有间接竹节纹或黑色。毛皮的针毛细而尖，底绒丰厚稠密，保暖性好，皮板厚薄适宜，坚韧耐拉，外观漂亮，是一种珍贵皮毛	带针毛貉皮宜做翻皮大衣，拔针后可做服装里子、皮领
	猞猁皮	毛为棕红色，腹部呈白色或微粉白色。猞猁皮毛绒稠密，峰毛爽亮，毛被外表华美，皮板有坚韧的拉力和弹性，保暖性好	翻皮大衣、披肩、围巾

续表

分类	毛皮名	形态与特点	用途
大细毛皮	狸子皮（豹猫）	毛被为三种颜色：毛基为灰色，中部为白色，尖端为黑色。由于毛峰较粗，故常拔去针毛后使用。其底绒、毛绒细密，皮板厚实，防寒性好，外观色彩绚丽。属高档皮毛	翻皮大衣、披肩、围巾
粗毛皮	细毛羊皮	有新疆细毛羊和东北细毛羊之分。新疆细毛羊皮张大，毛被纯白，毛细且密，多弯曲，弹性好，光泽柔和美观，为我国羊皮之上品。东北细毛羊毛被略薄，毛略短而稀，质量不如新疆细毛羊羊皮	中、西式皮袄，风雪大衣里子
	半细毛羊皮	毛质较好、张幅较大、板轻薄，毛绒丰厚，花弯多、重量轻，毛被洁白、保暖性好	中、西式皮袄，风雪大衣里子
	粗毛羊皮	蒙古羊、西藏羊、哈萨克羊均属粗毛羊。皮板厚、张幅大、含脂多、纤维松弛、花弯卷曲少、毛粗直、厚实耐用	风雪大衣里子
	羔羊皮	指绵羊羔的毛皮。全身毛卷曲、清晰、细软，板薄质轻，毛绒丰足、花弯紧密、光泽鲜明。羔羊皮毛滑不易结块，经久耐穿	中、西式皮袄，皮背心，白色的可制作翻皮大衣及用作大衣里子
	狼皮	毛皮随产地而异，有棕灰、淡黄、灰白等色，一般上部为深色，下部为浅色。冬季狼皮毛长绒厚，柔软有光泽，皮板肥厚坚韧，保暖性好	床垫、坐垫等
	狗皮	毛绒丰厚、皮板坚韧、张幅大、颜色较多，有保暖防风湿的作用	背心、护膝、护胃、护肩等
	山羊皮	多为白色，毛呈半弯半直状态。张幅较大，皮板柔软坚韧。针毛可拔掉制笔或制刷。拔针后的绒皮用来制裘	风雪大衣里子
	滑子皮	又称小山羊皮，毛花弯曲、皮质柔软，光泽较好、御寒力较差	服装皮里、翻皮大衣、童大衣
杂毛皮	猫皮	毛皮颜色多样、魔纹优美，毛被上有时而间断、时而连续的斑点、斑纹或小型色块片断。毛绒足，板质丰厚，针毛细腻润滑，毛色浮有闪光，暗中透亮	翻皮大衣、披肩、围巾
	兔皮	分家兔皮和野兔皮。家兔皮以东北、内蒙古的最好，毛色多为白色，皮张大，毛绒厚而平坦，色泽光润，皮板柔软。野兔皮背部毛多为较深色，腹部毛则为白色，并随季节变化而变化	童大衣、皮领、衣服镶边

3. 裘皮质量的评价

裘皮质量主要由原料皮的大小、价值和加工方法以及生皮的天然性质来决定。同一种类的皮毛，由于生活环境、捕捉季节等因素的影响，毛皮的质量均有不同。裘皮质量评价的内容如下：

① 皮板的厚度和毛与皮板结合的牢度。

② 毛被的长度、弹性和柔软性。

③ 毛被的光泽、颜色和色调。

④ 毛被的密度。

⑤ 产皮季节。产皮季节与裘皮质量的关系见表8-3。

表 8-3　产皮季节与裘皮质量的关系

各季节皮	背部毛绒	皮　板
冬皮	长而茂密，光亮	呈白色，柔软
秋皮	毛较短，平而齐，有新短针毛	呈青色，较厚
春皮	毛干枯，无毛峰，有脱绒现象	呈红色，较厚
夏皮	毛稀而短	较薄

三、皮革

1. 皮革的种类

皮革是采用动物的生皮经过准备、鞣制和整理三道工序加工而成的材料。皮革可按以下方法分类：

① 按鞣制加工进行分类，可分为铬鞣革、铝鞣革、组合鞣革、植物鞣革。铬鞣革是用铬的化合物加工生皮得到的皮革。铝鞣革是用铝的化合物加工生皮得到的皮革。组合鞣革是同时采用两种或多种鞣革方法加工生皮得到的皮革。植物鞣革是用织物单宁作为鞣剂加工生皮得到的皮革。

② 按动物原料皮的用途分类，可分为服装革、鞋面革、箱面革、手套革、腰带革等。

③ 按皮革加工成革的状况分类，可分为全粒面革、修面革、绒面革、二层革。

2. 几种常用的服装皮革

常用服装皮革的分类、特点和功能见表 8-4。

表 8-4　皮革的分类、特点和功能

分　类	制作和特点	功　能
全粒面革	全粒面革是指保存了皮革原有的粒面花纹，且表面未经过修饰的真皮。牛、羊、猪皮均可以制成全粒面革。一般要求使用没有伤残或伤残较少的皮制作，是一种高档的皮革 全粒面革也叫正面皮。全粒面革的表面不经涂饰可直接使用，但大多数为经过美化涂饰加工的。原料皮的表面完整地保留在革上，其坚牢性能好。一般来说，全粒面革的表面不经涂饰或涂饰很薄，保持了皮革的柔软性和良好的透气性。全粒面革可用在所有的皮革制品上。全粒面革还可再分为普通光面皮革制品、苯胺革、半苯胺革等。普通光面皮革指一般的动物表皮革，如牛、羊、猪等	主要用于制作皮服、风衣、夹克衫、背心、西服、裙子、裤子等
绒面革	绒面革是指表面呈绒状的皮革。绒面革（俗称麂皮）原用麂皮生产，现在猪、牛、羊皮都可用于生产绒面革。利用皮革正面（生长毛或鳞的一面）经磨革制成的称为正绒；利用皮革反面（肉面）经磨革制成的称为反绒；利用二层经磨革制成的称为二层绒面 由于绒面革没有化学涂饰层，故其透气性极好，柔软性也大为改观；但其防水性、防尘性和保养性都较差，没有粒面的正绒革的坚牢性变低。以绒面革制作的皮革制品，穿着舒适，卫生性能好，但油鞣法制成的绒面革除外，绒面革易脏而不易清洗和保养	主要用于制作皮服、皮鞋、皮包、手套

分 类	制作和特点	功 能
麂皮革	麂皮革是绒面革的一种，由于制作方法特殊而使其性能上与其他绒面革有较大差异。严格地说，麂皮革是麂（一种动物）经过油鞣法制成的皮革。现在实际上麂皮来源较少，常以羊皮经油鞣法制成绒面革代替麂皮，也称为麂皮革，其性能和用途和真正的麂皮革相似 油鞣麂皮革为浅黄色或黄棕色，两面都为绒状，质地非常柔软、细腻、松散，表面有丝绸感。这种革强度高，耐碱及有机溶剂，耐水洗并有良好的吸水性 麂皮革除用作服装外还有其特殊用途，即利用其柔软细腻和耐水洗的特性，作为光学仪器、精密仪器及高档汽车的擦拭用品，麂皮革还可用于高级汽油的过滤，可除去汽油中的水 麂皮革可反复洗涤。在洗涤时须注意两点，一是洗涤时不能用开水烫（温水可以），二是干燥时不可用高温	用于制作服装（夹克衫、风衣、裙子）
金银革	金银革是皮革涂层中含有金属铝或金属铜，革面显金银色的产品。金银革的涂饰主要采用金属铜喷涂和电化铝薄膜移植两种方法 电化铝薄膜是在高真空状态下，金属铝在高温下分解升华，经特殊处理的载体——涤纶薄膜将其吸收，形成一层很薄的电化铝层，再在其上涂一层胶而制作的。电化铝薄膜由涤纶薄膜、脱离层、铝层和胶层组成，其中色层的组成与革面涂饰剂的组成基本相似。电化铝薄膜移植到革面后揭掉涤纶薄膜，色层、铝层和胶层留于革面形成类似于皮革涂饰剂的涂饰层，并赋予革面一定的金属光泽。电化铝薄膜可以根据需要制成金、银、红、绿、蓝、紫等各种不同的色泽，而且具有透气性能好、耐热、不脱色、色泽鲜艳、遮盖力强等优点	用于制作服装等
二层革	在皮革加工过程中，较厚的动物皮（如牛皮、猪皮、马皮等）须经过剖层机剖成几层，以获得厚薄一致的皮革以及更多数量的皮革。动物皮长毛的一面为头层，也叫粒面革，头层以下的各层革依次叫二层革、三层革和四层革等。用二层皮制的革即为二层革 二层革有绒面、修面、压花、贴膜和移膜革。与头层革相比，二层革表面观感不美观，强度偏低，穿用的舒适性能差。所以，二层革是低档皮革	用于制作皮鞋、服装、手套和软包等

3.皮革类面料主要品种

皮革类面料的主要品种见表 8-5。

表 8-5 皮革类面料的主要品种

皮革种类	外观与特点	用 途
猪皮革	毛孔粗大而深，每三个孔并列成一组，呈三角形排列而具有独特风格。皮面不平整，皮质粗糙、弹性差，但透气性较好。猪皮革经鞣缩处理后，外观有较大改变，拉平后才能隐约见到三角形排列的毛孔，手感柔软且富有弹性，经济实惠	夹克衫、风衣、背心、裙子
黄牛皮革	毛孔细小，呈圆形，分布均匀。粒面平整，革面细腻光滑，磨光后亮度较高，有光泽；手感坚实而富有弹性、耐磨耐折、吸湿透气性好，是优质的服装材料	夹克衫、风衣、背心、裙子
羊皮革	分山羊皮和绵羊皮两种。山羊皮革毛孔呈扁圆形，并以鱼鳞状排列。皮革粒面紧密，手感柔软而富有弹性，光泽自然，质地坚牢，透气性好，质量较好。绵羊皮革手感滑润，延伸型和弹性较好，但坚牢度稍差	夹克衫、西装、风衣、背心、裙子、裤子

续表

皮革种类	外观与特点	用途
驴、马皮革	皮面光滑细致，毛孔稍大呈椭圆形，斜深入革内，呈波浪形排列。其前身较薄、结构松弛、手感柔软、吸湿透气性好	夹克、风衣
麂皮革（绒）	毛孔粗大稠密，皮面粗糙，斑疤较多，不适宜作正面革。其绒面革质量上乘、皮层厚实、坚韧耐磨、绒面细密、柔软光洁、透气性和吸水性较好，制作的服装具有独特风格	夹克衫、风衣、裙子
蛇皮革	表面有明显的易于辨认的花纹，脊色深、腹色浅。成品革粒面细密、精致、轻薄，弹性好，柔软，耐拉耐折	用于服装的镶拼

4.皮革外观疵点的种类

皮革外观疵点是指由于动物皮的外伤或在制革加工过程中引起的剥伤、烫伤和机械伤痕。皮革外观疵点种类和它们的产生及影响见表8-6。

表8-6　皮革外观疵点

外观疵点	产生与影响
虻眼	是动物在生长过程中受蛀虫伤害，在皮革表面留下的大小不一的圆孔。例如在牛、马的脊背部，常见有寄生在皮层内的牛虻幼虫钻出皮层后留下的孔洞。这些孔洞对皮革的质量有较大的影响。在皮革加工时，必须把这些虻眼去除或封口
烙印	在动物的饲养过程中为了便于识别，在动物皮上人为地用烙铁烫出标记。这种烙印经过制革后很难消除。烙印部位皮革的纤维组织被破坏，比较脆弱，容易开裂，一般很难作为皮革的主要部位
疮疤	动物在生长过程中，皮肤生癣或因小的创伤而留下的痕迹，经过加工制成革后，痕迹部位粗糙而脆硬，一般在服装制作中要予以去除
血痕	在动物死后剥皮中，由于有些部位有血管硬结，在由生皮加工成皮革后，皮革面上留有树枝状的图案，影响皮革制品外观
刀孔	从动物身上剥皮时，由于用刀削得太薄或用力过大造成皮革穿孔，刀孔破坏了皮革面的整体性
鞭伤	鞭伤是指动物受鞭打后在皮面留下的伤痕，在皮革成型后依然会留下条痕
缺面	生皮存放中，由于保存不当，使皮革局部表面受到细菌的侵蚀而缺少粒面。缺面影响皮革的质量
糟板	皮革鞣制加工或保存不当，会出现革面细裂纹或裂痕，使皮革的抗拉强度降低，耐磨性能不好
硬板	皮革鞣制加工中，鞣剂与皮纤维结合过于紧密而出现的无弹性的硬块现象
反盐	皮板鞣后没有用水冲洗干净，致使皮板内残留部分盐分，每当气候潮湿时，盐分渗出，呈现"出汗"现象。反盐使皮板变得粗糙
油板	皮革加工过程中，由于脱脂不净或者加脂过量，使皮板含油量超过限度，出现油污板面
脱色掉浆	这种现象主要是由于浆料与皮革结合不牢或者涂饰层脆裂，导致染料或涂层从皮革面脱落

四、裘皮和皮革的质量鉴别

1. 裘皮服装质量鉴别和档次划分方法

洗衣店接收裘皮洗涤业务时，首先要鉴别裘皮的质量，以便辨别真伪、区分档次、合理定价、精细加工。

（1）裘皮质量的鉴别方法　裘皮可采用感官鉴别方法，即通过眼观、口吹、鼻闻、手摸确定质量等级。裘皮服装质量鉴别方法见表8-7。

表8-7　裘皮服装质量鉴别方法

方法	特征
眼观	观察裘皮针毛是否分布均匀，整修后毛皮外观是否美观，色泽是否协调
口吹	吹动针毛和绒毛，观察绒毛是否丰满灵活，有没有互相纠缠结成的情况
鼻闻	闻毛皮是否有异味。要分清哪些是毛皮的特有气味，哪些是加工过程中附带的气味
手摸	用手抓毛板，通过手的感觉了解毛板的韧性和牢固程度

（2）裘皮服装档次的划分　市场上的裘皮服装可分为高、中、低三个档次，其划分主要依据面料而定，裘皮服装档次的划分见表8-8。

表8-8　裘皮服装档次的划分

档次	划分
高档裘皮服装	主要指用紫貂、银狐、蓝狐、水獭、水貂等毛皮制成的服装
中档裘皮服装	主要指用狸子、黄狼、旱獭和沙狐等毛皮制成的服装
低档裘皮服装	主要指用羊、狗、猫等毛皮制成的服装

2. 真、假皮革的鉴别方法

真皮革服装主要有两种，即光面的和绒面的。绒面皮革服装也有人称为麂皮服装。假皮革服装多指人造革或仿绒面皮革的化纤产品制成的服装。真、假皮革服装的鉴别要点见表8-9。

表8-9　真、假皮革服装的鉴别

鉴别法	真皮革服装特征	假皮革（仿皮）服装特征
外观鉴别	真皮光面服装的外观有明显的毛孔，有一定规则，但规则性不很强，往往表面粗细很不一致，有的能显露出动物皮本身的伤痕痕迹。服装的不显露部位，如领子里、兜盖下、腋下等，多使用质量较差、与正身部位明显不同的皮革（当然，特别高级的皮衣可能例外）	假皮服装的外观毛孔不明显，但规则性很强。表面粗细均匀一致、无疤。服装不显露部位的材料与正面处无差别。对于绒面服装，其外表质地不均匀、绒毛长短有差别的多为真皮服装，反之则可能是假皮服装
断面和革里鉴别	拿到一件皮装，要找到其皮子的断面和反面，以鉴别其真假。真皮服装的皮子断面为无规则纤维状，指甲抠其断面时，会出现蓬松变厚现象。从反面看，真皮里面表现为不均匀状，无仿纤维状	假皮的断面有规则、纺布纤维，比较死板
手感鉴别	真皮服装手感舒适，有丰满、柔软和一定的温暖感。天然皮革手感柔软，无论在什么季节，革身硬度变化不大，弹性较好	假皮服装手感近似塑料，丰满、柔软性差，无温暖感。仿革制品在天气炎热时手感较柔软，在天气寒冷时革身变硬，曲折时有明显的折痕，而且缺乏弹性
吸水鉴别	真皮表面的吸水性好，而假皮与之相反，有较好的抗水性。可用手蘸水抹在服装表面上，观察其吸水性，吸水性好的为真皮	吸水性差或根本不吸水的多数为假皮

表 8-9 所示的四种方法，在选择和洗涤皮革服装时方便、有效。如遇到用上述方法难以鉴别的情况时，可请皮革检测站进行化学鉴定。

3. 再生革的鉴别方法

再生革是利用皮革的废料和其他配料混合后加工而成的。其正面有光泽和花纹，反面也有天然纤维束。再生革的鉴别方法如下：

① 表面无毛孔，花纹较一致。

② 将皮革反复曲折几次，便可以看见革面上的死褶，且表皮的涂饰材料有脱落现象。

4. 皮革服装的质量要求

皮革服装的质量要求可以用"轻、柔、薄、挺、牢"五个字来概括。

① 轻：指皮革单位面积的重量要轻。

② 柔：指皮革的纤维要疏松柔软。

③ 薄：指皮革的厚薄程度要均匀一致。一般皮革的厚度要求在 0.6～0.8mm，超薄型皮革厚度在 0.5mm 左右。

④ 挺：指皮革要富有弹性，要挺括，有丝绸或丝绒般的手感。

⑤ 牢：指皮革耐撕裂、强度高、色泽均匀、不易掉色、无油腻感。

五、毛革

毛革是将网状层加工成绒面或光面的毛皮。毛革是国际流行品种，特别是光面毛革更受欢迎。它具有轻、软、暖、防水、不易污染、容易清洁、卫生性能好、正反两用等优点，因此受到人们的喜爱和欢迎。其品种越来越多，国际上毛革产品正处于上升的趋势。

1. 毛革产品的分类

毛革产品主要按皮板性质和毛被性质来分类。毛革产品的分类见表 8-10。

表 8-10　毛革产品的分类

分　类　原　则	毛　革　种　类	分　类　原　则	毛　革　种　类
皮板性质	绒面毛革 半光面毛革 光面毛革 印花毛革 贴膜毛革	毛被性质	剪绒毛革 本色毛革 印花毛革 菱形、条纹形毛革

2.毛革的特点

毛革是介于毛皮与皮革之间的产品，其既具有毛皮的特性又具有革的特性。毛革革面是在毛皮的网状层上，而皮革革面主要在粒面层上。

3. 毛革的性能要求

① 绒面毛革的性能要求。绒面毛革应具有柔软、丰满、身骨好、无油腻感，绒头细腻均匀，色泽柔和、饱满、均匀，色坚牢度好等性质。

② 光面毛革的性能要求。光面毛革是指毛皮的网状层经过磨面熨压后，喷涂饰层，制成的表面光亮、美观的毛革。光面毛革又叫漆面或修面毛革。这种产品在国际上非常流行。

光面毛革要求皮板身骨好、厚薄均匀、柔软、丰满，涂饰层（光面）光亮、耐折、坚牢度好、卫生性能好，毛被松散、有弹性、有光泽、无灰、无味、无油腻感。光面毛革是在绒面毛革的基础上发展起来的。好的绒面毛革才能生产出好的光面毛革，特别是作轻涂饰的光面毛革更需要用好的绒面毛革。

六、人造革

人们为了弥补天然皮革的不足，满足人类的广泛需求，相继进行了天然皮革代用材料的研究开发，即人造革和合成革的研究开发。

1. 人造革的分类

人造革是将混有增塑剂的合成树脂（如聚氯乙烯和氯乙烯），以糊状、分散液状或溶液状涂于布面再经过加热处理而得到的产品，或是将树脂等配料混合加热再经液压成布衬或无布衬的产品，是一种外观、手感似革皮并可部分代替其使用的塑料制品。

根据人造革所使用的合成树脂、基材种类、生产工艺、有无发泡及用途等，人造革可以有多种分类方法。

① 按使用的合成树脂分类见表 8-11。

表 8-11　按使用的合成树脂分类

分　类	生　产　方　法
聚氯乙烯人造革	它是用聚氯乙烯树脂、增塑剂和其他配合剂组成的混合物，涂覆或贴合在织物上，经一定的工艺加工而制成的塑料制品。另外也有基材两面均为塑料层的双面聚氯乙烯人造革
聚酰胺人造革	它是将尼龙 6 或尼龙 66 溶液涂覆在织物上，用湿法成膜的方法制成具有连续泡孔性结构的塑料制品
聚乙烯人造革	聚乙烯人造革是一种泡沫人造革，它是以低密度聚乙烯树脂为主要原材料，掺以改性树脂、交联剂、润滑剂、发泡剂等组分而制成的制品
聚氨酯人造革	聚氨酯人造革又分为干法聚氨酯人造革和湿法聚氨酯人造革。干法聚氨酯人造革，是将溶剂型聚氨酯树脂溶液挥发掉溶剂后，得到的多层薄膜加上底布而构成的多层结构体。湿法聚氨酯人造革，是将溶剂型聚氨酯树脂采用水中成膜法得到的具有良好透气性、透湿性，同时又具有连续多孔层的多层结构体

除表中四种主要的人造革以外，还有聚氨酯-聚氯乙烯复合人造革、橡塑尼龙帆布革等。

② 按基材分类如图 8-1 所示。

目前我国大量使用的基材是各种类型的棉布，如平布、漂白布、染色平布、帆布、针织布（包括合成纤维）、起毛布、再生布、无纺布等；部分使用的是棉/化纤混纺布，如维棉针织布等；少量使用的是化纤布，如尼龙绸、涤纶绸等。而合成纤维无纺布则很少。但随着技术的进步以及石油化工技术的迅速发展，化纤布和合成纤维无纺布的使用将得到飞速发展。

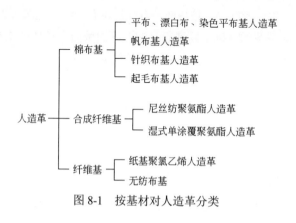

图 8-1　按基材对人造革分类

③ 按发泡分类。人造革按是否发泡分为不发泡聚氯乙烯人造革和泡沫聚氯乙烯人造革。

④ 按生产方法分类。人造革按生产方法分为直接涂刮法人造革、转移涂刮法人造革、压延贴合法人造革和挤出贴合法人造革。

⑤ 按用途分类。人造革按用途可分为民用革和工业用革两大类。民用革有鞋口革、衣服用革、箱用革、包用革、手袋用革、手套革、家具革等。工业用革有车辆用革、地板用革等。

2. 人造革的性能和用途

人造革是 20 世纪 30～50 年代发展起来的旨在代替天然皮革的人工制造的革类产品。由于性能远不能和天然皮革相比，人造革的用途大受限制。

与天然皮革相比，其主要缺点是：有令人不愉快的气味；卫生性能差，其制品穿戴不舒适；适应环境温度能力差，且易老化；坚牢度低，不耐用；外观生硬死板。其主要优点是：质地均一，抗水性能好，耐酸碱、有机溶剂及霉菌的性能好。

人造革可以做成外观和皮革相似的产品。其主要品种有聚氯乙烯人造革和近年迅速发展起来的聚氨酯人造革，其次是聚酰胺人造革和聚乙烯人造革。

① 聚酰胺人造革又称尼龙革，该种革具有强度高，外观、手感好等特点，但没有弹性，柔软性不够好，缺乏真皮感，透热、透湿性优于聚氯乙烯人造革，因此常用于制作箱包及书籍装订、制作塑料鞋等。

② 聚乙烯人造革不仅具有人造革的共同特性，而且质量相对较轻，挺实，表面滑爽，适合制作包、袋及帽子等物品。

③ 虽然聚氯乙烯人造革耐化学药品（溶剂）、耐油性、耐高温性差，低温柔顺性差，手感不好，但是，它具有一定的机械强度和耐磨性，而且耐酸、耐碱、耐水，制造简单，原料易得，成本低廉。聚氯乙烯人造革的制造工艺不同，用途也不相同。发泡人造革多用于制作手套（针织布基）、包、箱、袋、服装及家具。

④ 聚氨酯人造革以起毛布为底基，具有良好的透气性、透湿性、耐化学品性，手感丰满，外观漂亮，质地柔软，保暖，手感不受冷暖变化的影响等，主要性能均优于聚氯乙烯人造革。聚氨酯人造革根据生产工艺方法的不同，又分为干法和湿法两种。干法聚氨酯人造革可以用于制作鞋、服装、袋、箱包、雨衣等。湿法聚氨酯人造革可以用于制作高档鞋面、凉鞋、皮箱、服装及包等。

3. 合成革

合成革是使用聚酯、聚酰胺等化学纤维经过一系列加工后，浸以合成树脂、合成胶乳等黏合剂而制成的无纺织布，再用聚氨酯树脂覆盖其表面并加以涂饰而制得的产品；或直接利用单一的聚氨酯树脂微孔材料制得的产品。合成革是模仿天然皮革的物理结构和使用性能，并作为其部分代用材料的塑料制品。其正、反面外观都与天然革十分相似，并且有一定的透气性，因此比普通人造革更接近天然革。

与天然皮革相比，其主要缺点有：卫生性能差，其制品穿戴不舒适；坚牢度低，不耐用；易老化。其主要优点有：质地均一，外观美观；抗水性好；耐酸碱、有机溶剂及霉菌的性能好。

七、人造毛皮

为了扩大毛皮资源，降低毛皮产品的成本，人造毛皮有了较大的发展。它不仅简化了毛皮服装的制作工艺、增加了花色品种，而且价格一般较天然毛皮低并易于保管。人造毛皮具有天然毛皮的外观，在服用性能上也与天然毛皮接近，是很好的裘皮代用品，其外观和性能取决于生产方法。

1. 针织人造毛皮

针织人造毛皮是在针织毛皮机上采用长毛绒组织织成的。长毛绒组织在纬平针组织的基础上形成，用腈纶、氨纶或黏胶纤维作毛纱，用涤纶、锦纶或棉纱作地纱，纤维的一部分同地纱纺织成圈，而纤维的端头突出在针织物的表面形成毛绒。这种利用纤维直接人为针织的人造毛，由于纤维留在针织物表面的长短不一，可以形成针毛和绒毛层结构。长度较长、线密度较大、颜色较深的纤维作针毛；较短、较细、色浅的纤维作绒毛。通过调整不同纤维的比例并仿造天然毛皮的毛色花纹进行配色，可以使毛被的结构更接近天然毛皮。这种人造毛皮既有像天然毛皮那样的外观和保暖性，又有良好的弹性和透气性，花色繁多，适用性广。

2. 机织人造毛皮

机织人造毛皮的底布一般是用毛纱或棉纱作经纬纱，毛绒采用羊毛或腈纶、氯纶、黏胶等纤维纺的低捻纱，在长毛绒织机上织成。

机织人造毛皮采用双层结构的经起毛组织，由两个系统的经纱、同一个系统的纬纱交织而成。经纱分成上、下两部分，分别形成上、下两层经纱梭口，纬纱依次与上、下层经纱进行交织，形成两层底布。而每层底布间隔的距离恰好是两层底毛织物的绒毛高度之和。这种组织织物下机后再经过割绒工序，割断连接的毛纬纱从而形成两幅人造毛皮。

机织的人造毛皮可用花色毛经配色织出花色外观，也可以在毛面印花达到仿真的效果。其绒毛团虽牢固，但生产流程长，不如针织人造毛皮品种更新快。

3. 人造卷毛皮

人造卷毛皮就是仿绵羊羔皮的外观使毛被成卷。胶黏法生产的卷毛皮以黏胶纤维或腈纶纤维为原料。针织法生产的卷毛皮是在针织人造毛皮的基础上对毛被进行热收缩定型处理而成的，毛被一般以涤纶、腈纶、氯纶等化学纤维作原料。人造卷毛皮以白色和黑色为主要颜色，表面形成类似天然的花绺花弯，柔软轻便，有独特的风格，既可作毛被服装面料，又可作冬装的填里。

由于人造毛皮为宽幅，毛绒整齐，毛色均匀，花纹连续，有很好的光泽和弹性，重量比天然毛皮轻得多，而保暖性、排湿透气性与天然毛皮相仿，不易腐蚀霉烂，容易水洗，因而穿用更为方便。

八、光面皮革的常用调理方法

日常生活所用的皮革制品中，光面皮革制品的种类很多，也是洗涤业务中接触最多的。随着人们生活水平的不断提高，对光面皮革护理的要求也从简单的皮面"刷浆"，提高到要求彻底的清洁并对其进行加脂、柔软、整饰、调整。按照"看皮做皮"的原则，根据皮革制品的状况，当其没有磨损掉色时，可进行清洗、加脂、上光护理；当有磨损、掉色时，则还须进行涂饰调理。调理程序如图 8-2 所示。

图 8-2　光面皮革的调理程序

（1）清洗　光面皮革服装的手工清洗不需要复杂的设备，但由于无法彻底清洗皮衣、皮革制品毛孔中的污垢，清洗效果不甚理想。

光面皮衣最佳的清洗方法是干洗，可采用四氯乙烯或石油系溶剂。对于污染比较严重的皮革服装，要做到清洗彻底、省时省力，防止板结发硬、变形走样，最有效的方法就是用干洗机进行干洗。干洗时应注意以下几点：

① 在干洗中要控制洗衣时间，不宜过长。四氯乙烯干洗剂会使皮革衣物脱脂，如果皮革服装干洗时间过长，就会使皮革纤维的油脂全部脱脂。

② 烘干温度不能高。在高温条件下，可能使革面发生断裂和（涂层）脱落现象。

③ 对干洗后的皮革服装要及时进行补脂和加脂处理，以恢复皮革的柔软性。

④ 经干洗后，部分皮革服装已失去了光泽，还要进行复染和上光处理。

污染较严重的皮革服装在不具备干洗条件的情况下，皮革服装上的一些水溶性污垢可以用湿手巾擦掉，而一些不溶于水的污垢就不易去掉了，要采用皮革清洗剂进行处理。方法是：用棉布或棉团蘸上皮革清洗剂对污处轻轻擦拭，并用干毛巾及时将擦下的污液吸掉，最后再用拧干的湿毛巾擦拭一遍。

（2）加脂　由于长时间穿着、光照等外界条件会使皮革服装纤维脂肪老化或损伤。皮革服装保养时，应当进行加脂。加脂过程能使油脂渗入皮革纤维之间，包围、结合于纤维表面上或沉积于纤维之间，阻止皮革纤维在干燥时相互粘连，增加其相互滑动性，使皮革能表现出可弯曲性，从而改善皮革的柔软度，使手感丰满，还可增强皮革的抗张强度、抗撕裂强度、耐折裂强度及防水性能等。由此可见，加脂是保养皮革、延长皮革服装使用寿命的一项极其重要的措施。

受衬里、辅料、保型等因素的影响，可采用喷涂或刷涂的方式加脂。有时可采用二次加脂，使皮革吸收较多的油脂，保证油脂在皮革内分布得更加均匀，以获得较好的效果。

（3）涂饰　皮革服装的涂饰就是用涂饰剂对那些掉色和变旧的皮革服装采用喷涂、刷涂、揩涂等方法，使皮革表面形成一层保护性涂层，获得良好的外观和使用效果。涂饰主要是增加皮革服装的整体美观性，使皮革服装表面增加一层保护性涂层，不易沾污，容易清洗保养，同时遮盖或弥补皮革面料的缺陷，提高皮革的服装档次。皮革服装涂饰的方法见表 8-12。

表 8-12　皮革服装的涂饰方法

分类	涂饰方法与特点
揩涂法	揩涂法是用海绵或泡沫蘸上涂饰液，在铺好展平的服装面上揩涂。这种方法简单易行，但是效率低
喷涂法	喷涂法就是用气动喷涂器，把涂饰液喷涂在皮革服装面上。这种方法工作效率较高，但是服装的内贴边、领口、袖口等边沿部位还需要用揩涂或刷涂的方法进行补充整理
刷涂法	刷涂法是用毛刷蘸上涂饰液，在平展的服装上逐一涂刷。刷涂时不能漏刷和重刷。吹风干燥可以防止皮革粘连，保证涂饰效果

在涂饰皮革服装时，树脂、光亮剂和甲醛等材料挥发性大，具有较大的刺激气味，对人体有害，所以工作场地要保持通风。

（4）打蜡上光　打蜡上光是针对那些手感干燥、失去皮革原有光泽的皮革制品，用喷涂、刷涂或揩涂的方法，将手感蜡和光亮剂上到皮革制品上，使皮革制品恢复并改善其原有的手感和光泽。

第二节　皮革服装的洗涤

一、皮革服装的分类

清洗是所有皮革服装保养中最关键的第一步，"看皮洗衣"则是保障安全清洗并达到良好洁净效果的基础。

根据不同皮衣各自的特征及洗衣行业洗涤性能的需要，将需要清洗的皮革服装分类，见表 8-13。

表 8-13　皮革服装的分类

种类	普通光面皮革服装	极柔高档光面皮衣	苯胺、半苯胺光面皮衣	发泡起皱皮衣	特殊效应皮衣	绒面磨砂皮衣	剪绒革皮衣	裘皮服装
光泽度	光泽明亮	光泽较亮、自然	亚光或自然光	无光泽	无光或特殊光泽	无光	自然光或无光	自然毛发光泽
手感	柔软有塑感	绵柔、丰满、有弹性	柔软、滑爽、丰满、弹性好	柔软、丰满、厚实	丰满、厚实、弹性好	绵软，手感温暖	厚重、绵软，手感温暖	滑爽、温暖
渗水性	渗水性极弱	有一定的渗水性	渗水性强，遇水颜色发暗、变色	渗水性强，遇水颜色深	有一定的渗水性	极强的渗水性	较强的渗水性	有一定的防水性能
皮面工艺效果及皮毛特性	颜料涂饰涂层较厚，多为单色	颜料涂饰涂层较薄，粒面清晰，多为单色	染料染饰涂层透明，粒面清晰，多为棕色系列	涂层薄，皮面有类似皱纹或发泡起皱现象，单色或杂色	涂层厚薄不均或脱落，可有少量金属粉出现，有梦幻、龟裂、印花仿古、金属效应，色彩为杂色或深浅色相间	无涂层，有细绒，有正反绒双色效应	涂层较薄或无涂层，内里无衬而为羊剪绒	多为动物皮毛

二、皮革服装的洗涤

1. 严格区分皮衣材料

常见的皮革制品分为天然皮革（真皮）制品和人造皮革（人造革）制品两大类。随着科学技术的进步，人造皮革技术的提高，人们几乎难以简单地从外观上分辨出人造革与天然革。因此，在洗涤前必须认真鉴别皮革服装的类别，分清是天然皮革还是人造皮革，因为人造皮革不能干洗、不能烘干。

2. 正确选择皮革清洗剂

对于污染不太严重的皮革服装，只需使用配制的皮革清洗剂，用擦拭的方法去除皮革表面污垢。一般皮革清洗剂的配制材料和比例是水85%，酒精10%，氨水5%，也可使用皮革制品专用洗涤剂。

常用的清洗剂可分为水性清洗剂、溶剂性清洗剂和水溶两性清洗剂三大类，见表8-14。

表 8-14 皮衣清洗剂

清洗剂类型	特 征
水性清洗剂	以水为分散介质，有效去除水溶性污垢的清洗剂。此类清洗剂中含有多种表面活性剂和酶制剂，pH 值一般小于 8，在清除污垢的同时可保持皮革制品原有的柔软度
溶剂性清洗剂	以溶剂性材料为分散介质的清洗剂。此类清洗剂能有效地去除皮革制品上的油性污垢
水溶两性清洗剂	此类清洗剂既能与水相溶也能与溶剂相溶，在去除油性污垢的同时也能去除水溶性污垢

3. 正确选择清洗皮衣的方法

常用的清洗皮衣的方法有手工清洗、机器水洗和机器干洗，这三种方法各有优劣，清洗时应根据不同皮衣的状况特征选择洗涤方法。

三、普通光面皮革服装的清洗

普通光面皮革服装的清洗是指用手工或机械的方法，对表面已做了颜料涂饰、渗水性较弱的皮革进行表皮及里衬清洗的过程。清洗的方法有手工清洗、机器水洗和机器干洗。其中手工清洗和机器干洗最为常用。根据"看皮洗皮"的原则，在实际操作时，应根据皮革服装的脏污程度选择相应的清洗方法和清洗材料。普通光面皮革服装的清洗方法见表8-15。

表 8-15　普通光面皮革服装的清洗方法

清洗方法	清 洗 过 程	注 意 事 项
手工清洗（皮革服装衬里不太脏时采用）	① 准备好工作台、各种专用清洗剂、去渍剂、棉毛巾、软毛刷、海绵块或塑料泡沫块等 ② 将皮衣平铺在工作台上，用湿毛巾擦拭皮革表面，以除去皮面上的尘土及污物 ③ 找出附在皮面上的污垢，用软毛刷蘸上相应的专用清洗剂，依次轻轻擦拭，同时及时用干净毛巾擦掉或吸附污垢，对领口、袖口、口袋边、肘部、下摆、内襟等处要重点清洗 一些 pH 值偏碱性的专用皮革清洗剂一般有剥色作用，所以用此类清洗剂擦拭时，一定要用力适度，防止皮面脱落或造成革面擦伤、搓伤。另外在使用毛刷时，应及时将其在 30℃清水中擦洗干净，以尽量去除污垢 清洗结束后要检查革面、里衬的去渍质量，以便有利于转入下一道着色、涂饰保养工序 里衬的清洗方法与表面相同，只是须选用里衬织物专用清洗材料	① 一般选用水溶性的清洁剂，油垢处可小面积使用溶剂性材料，注意使用时不宜用力强擦 ② 使用水溶性清洗剂大面积清洗皮面时，洗涤剂用量不宜过大，洗下的污液应尽快用干净的湿棉巾擦去 ③ 刷涂时不宜用力过大，以防刷伤皮衣粒面及纤维组织 ④ 清洗里衬须将里衬与外皮隔离，以防清洗液从背面渗入皮纤维，造成皮质发硬。同时沿边清洗，以防留下水印 ⑤ 遇到涂层有掉浆、磨面时，须做退膜处理 ⑥ 深浅颜色不同的皮衣应分别使用不同的清洁工具，以保证浅颜色的洁净 ⑦ 清洗结束自然干燥后，方可进行下道工序
机式干洗	机械清洗皮衣的方法又可分为四氯乙烯干洗、石油干洗和机式水洗三大类，其中光面皮衣最常用的方法是四氯乙烯干洗和石油干洗 ① 预处理。将要清洗的皮衣在工作台上铺平，检查皮衣表面及里衬，将前处理剂（由四氯乙烯和专用皮革洗涤剂按一定比例配制）刷涂在那些有明显和严重污垢的地方 ② 干洗。启动干洗机，将光面皮衣干洗加脂剂（用量为 0.5kg/10 件皮衣，浅色衣还需要再加入清洗剂 0.2～0.3kg/10 件皮衣）从干洗机的纽扣收集器中抽出。将干洗液抽入液桶，让机器进行 1min 左右的小循环，再将干洗液抽回底箱。将预处理后的皮衣放入干洗机滚筒，将洗涤时间设定在 10min，启动干洗机小循环洗涤 1～2min，然后大循环洗涤 3～5min。洗涤转速控制在 5～32r/min（深色皮衣洗涤时间 3～5min，浅色皮衣洗涤 5～8min） 完成洗涤进入高脱。最佳脱液转速应控制在 240～280r/min，脱液时间 1～2min。此过程可根据皮衣洗量和薄厚重复进行。完成脱液后进行烘干，将烘干最高温度控制在 40℃，启动加热开始烘干，烘干时间视液水分离器内的液滴情况而定。完成烘干后同样要进行排臭降温，当温度达到 20℃以下时将皮衣取出，挂在阴凉处使残留的溶剂挥发	① 按近似颜色分类，浅色皮衣应单独洗涤 ② 干洗前，应检查皮衣上是否有易被四氯乙烯溶解的附件，如扣子、拉链、装饰物等 ③ 干洗前，应事先对某些涂饰层色牢度较差的皮衣在隐蔽处做小块试验，如被四氯乙烯溶解而出现严重的涂层分离，不宜干洗 ④ 皮衣干洗实施脱液操作时，要注意控制干洗机的脱液转速，不要上升过快。皮衣干洗达到预定洗涤时间后，适当延长干洗机的排液时间，以尽可能沥干皮衣中吸附的溶剂，让余留在皮革纤维内的加脂助剂在整件皮衣上均匀分布（时间一般为 5min 左右） 起始转速应较低。在只有一个脱液转速的干洗机上，可采用断续脱液的方法，即干洗机直接脱液时，当滚筒转速上升到一定程度时，及时关脱液电动机，以避免干洗滚筒短时间内进入高速运转；当滚筒转速降至接近清洗转速时，再重新接通干洗机的脱液电动机，以防止滚筒高速旋转时，巨大的离心力使皮衣中残存的溶剂冲向滚筒外壳后迅速回溅造成二次污染，在皮衣上形成环状污痕 ⑤ 由于皮衣清洗、烘干的温度较低，故完成烘干取出后，还会有部分四氯乙烯残留在皮衣中，须挂晾后进行下道工序 ⑥ 严格按皮衣干洗、烘干的温度和时间控制洗涤过程，以免损伤皮质 ⑦ 为保证皮衣干洗效果，一般皮衣装载量不宜过大，以干洗机额定装载量的 60%左右为宜

清洗方法	清 洗 过 程	注 意 事 项
机式水洗法（不具备干洗条件时）	重点部位刷洗，就是用软刷蘸上高浓度的加酶洗衣液，对领口、袖口、袋口等较脏的部位进行刷洗处理 　把服装放入洗衣机内进行水洗，洗衣温度以40℃左右为宜，洗涤时间要视服装的污染程度而定，漂洗一定要洗干净 　甩干后要马上对服装进行整理，并用干毛巾擦掉残留在服装上的水珠，然后挂起阴干 　进行加脂和涂饰处理	如果水洗后出现板结变硬现象，可以把服装放入元明粉（即芒硝）与食盐含量相同的高浓度混合液中浸泡，约5h后取出，漂净、阴干可以恢复原来的柔软状态 　对水洗的服装加脂后，要对服装进行熨烫定型，再做涂饰处理 　皮革服装表面带有多种颜色的涂饰时，一般采用水洗的方法，这样可以避免服装表面花色脱落，保护原有的色调。对于那些重点污染的部位，如领口、袖口等也可以用软刷刷洗，要选用去污性较强的洗衣粉，水温在40℃左右即可，最好用温水进行多次漂洗；甩干后要及时整理服装，挂起阴干，待皮革尚未完全干燥时即可加脂，完全干燥后须熨烫定型，最后进行复染或上光

　光面皮衣特殊污渍的去除方法见表8-16。

表8-16　光面皮衣特殊污渍的去除方法

污渍类型	去 渍 方 法
领垢	领垢是一种人体分泌的油脂，由于渗透性极强，一旦渗入皮里，很难通过手工处理去除，尤其是粒面革皮衣。针对此类污渍，可用毛巾蘸取酒精与氨水的混合液轻轻擦洗，也可用四氯化碳溶液擦洗
血渍	血液对皮革有很大的渗透作用，渗入皮里干燥后会发硬板结，很难去除，可采用混合加脂剂与水1∶2的混合液清洗血渍处，并及时将洗出的血渍用软布擦去。重复此过程，直至血渍洗净为止
油漆	此类污渍多采用脱漆去色剂去除。小面积的油漆可用棉签去除，最好不伤原色
圆珠笔渍	可用棉签蘸脱漆去色剂轻轻擦除
皮衣原有涂膜	脱漆去色剂是清除皮衣原有涂膜的主要产品，操作前应在皮衣衬里不明显的地方做一下试验。清除涂膜的用具主要是去渍刷（或牙刷），方法是先将皮衣用水润湿，再用去渍刷蘸脱漆去色剂将涂膜溶解后去除。另外还可以采用复揉加水洗的方法

四、极柔的高档光面皮衣的洗涤

　洗涤这类皮衣适用的方法有手工清洗和机器干洗两种。手工清洗的方法步骤与清洗普通光面皮革服装相同。下面分别介绍四氯乙烯干洗和石油干洗此类皮衣的方法和步骤。

1. 四氯乙烯干洗

① 将皮衣按颜色分类，深、浅色皮衣分开洗涤。

② 将归类的皮衣表面或里衬重污处用处理剂刷涂做预处理。

③ 将皮革加脂剂按计量从纽扣收集器中加入干洗机。启动干洗机小循环，使加脂剂和四氯乙烯混合后开始洗涤。

以洗涤 10kg 皮衣为例来说明四氯乙烯的干洗工艺，见表 8-17。

表 8-17　四氯乙烯的干洗工艺

项目	四氯乙烯	洗涤方式	洗涤温度/℃	光面皮衣加脂剂/kg	强洗剂/kg	洗涤时间/min	烘干温度/℃	注意事项
浅色皮衣	蒸馏过的干净液 100L	大循环主洗，小循环漂洗	≤15	0.5		大循环5min，小循环 3min	≤45	脱液时，应缓慢进入高速脱液，高速时间不宜超过 3min，可多次启动，磨损重的皮衣可适当缩短洗衣时间
中间色皮衣	洗过浅色皮衣的干洗液加 50L 干净液	大循环洗涤	≤15	0.3	不加	8	≤45	
深色皮衣	洗过中间色皮衣的干洗液加 50L 干净液	大循环洗涤	≤15	0.3	不加	6	≤45	

2. 石油干洗

由于石油系溶剂的特性，用其清洗皮衣有较好的安全性能，但须注意要加强预洗。石油干洗的洗涤程序如下：

① 按皮衣颜色深、浅分类洗涤。

② 预处理，用石油与棍油的混合液在污垢处轻刷。

③ 放入石油干洗机转笼，按普通织物的程序洗涤，洗涤时间应控制在 10min 左右，烘干温度控制在 50℃左右。

五、苯胺、半苯胺光面皮衣的洗涤

适用的清洗方法有手工清洗和机器干洗。

1. 手工清洗

对局部或整件脏污程度较轻的衣服可采用手工清洗，清洗方法和步骤与普通光面皮革服装相同。但须注意以下几点：

① 清洗用水最好是蒸馏水。

② 使用的工具，如毛巾，一定要保证洁净度。

③ 干燥方式最好是自然晾干。

④ 清洗剂忌用溶剂性材料。

2. 四氯乙烯干洗

洗涤方法与极软光面皮衣的干洗方法相同，但要注意以下几点：

① 加脂剂用量须增加约 0.3kg。

② 洗涤时温度最好控制在 20℃以下。

③ 烘干温度可控制在 48℃以下。

④ 洗涤时间可适当缩短 2min。

3. 石油干洗

洗涤方法与极软光面皮衣的干洗方法相同，但一定要漂洗干净。

六、发泡起皱皮衣的洗涤

发泡起皱皮衣适用的清洗方法有手工清洗和机器水洗。

（1）手工清洗　清洗方法与苯胺革服装的手工清洗方法相同，但清洗后的洁净度不够理想。

（2）机器水洗　清洁效果理想，但具体操作时技术要求较严格。具体过程如下：

① 将皮衣放入转笼，打开进水阀，控制低水位。在转笼运行时加入皮衣专用水洗剂，加入量可根据皮衣的脏污程度按液、水比 1：（20～50）来确定。在 25℃以下洗涤 8～10min。

② 漂洗。打开进水阀控制中液位，同时从进料口加入皮衣水洗加脂剂，加脂剂用量为每千克衣物 0.1kg。同时检测漂洗液的 pH 值应在 4.5 左右，如超过此值，就应适当加大加脂剂用量，漂洗时间为 3～5min。pH 值可用 pH 试纸（pH 值范围为 1～14）测定。

③ 采用机器烘干时，烘干温度应低于 30℃，也可采用脱水后摊铺晾干的方法。

机器水洗的注意事项包括：

① 在主洗过程中也须检测洗液的 pH 值，控制其值不得超过 7。

② 在烘干时，尽量使皮衣脱水彻底。

③ 水洗干燥后的皮衣必须进行摔揉。

④ 经过摔揉并彻底干燥后的皮衣，在进行熨烫整型后方可涂饰保养。

（3）四氯乙烯干洗　干洗方法与苯胺革服装的四氯乙烯干洗方法相同，对于磨损严重的皮衣不宜使用。

（4）石油干洗　洗涤方法与前两类皮衣的洗涤方法相同，但须注意应将洗涤时间缩短至 8min 左右。

七、特殊效应皮衣的洗涤

手工洗涤或石油干洗的效果较理想，切忌用四氯乙烯干洗，其手工清洗和石油干洗的方法与苯胺革相同。

八、绒面磨砂皮衣的洗涤

绒面磨砂皮衣适合机器水洗或干洗，手工清洗效果不够理想。

（1）机器水洗　机器水洗绒面磨砂皮衣的方法与清洗发泡起皱皮衣的方法相同，但须注意以下几点：

① 深、浅色分开洗涤。

② 洗涤时间可适当延长到 10～15min。

③ 洗涤温度控制在 30℃ 以下。

④ 烘干温度可控制在 40℃ 以下。

⑤ 干燥摔揉后还需要做起绒处理。

（2）四氯乙烯干洗　绒面磨砂皮衣的四氯乙烯干洗工艺见表 8-18。

表 8-18　绒面磨砂皮衣的四氯乙烯干洗

项目	四氯乙烯	洗涤方式	洗涤温度/℃	绒面磨砂皮衣加脂剂/kg	强洗剂/kg	洗涤时间/min	烘干温度/℃	注意事项
浅色皮衣	蒸馏过的干净液 100L	大循环主洗，小循环漂洗	≤25	1.5	0.3～0.5	大循环 8min，小循环 3min	≤50	① 浅色绒面皮衣在进干洗机前，重垢处须喷涂强洗剂 ② 红色绒面皮衣应与深色一起洗涤 ③ 干洗后的皮衣还须做起绒处理
中间色皮衣	100L 洗过浅色皮衣的干洗液	大循环洗涤	≤20	2.0	—	8	≤50	
深色皮衣	100L 洗过中间色皮衣的干洗液	大循环洗涤	≤15	2.0	—	6	≤50	

（3）石油干洗　绒面磨砂皮衣的石油干洗方法与其他类皮衣（如极柔光面皮衣等）的洗涤方法相同，但须将洗涤时间延长至 15min 左右。

九、剪绒革皮衣的洗涤

用颜料涂饰的剪绒革皮衣可用任何方法清洗，其他类剪绒革皮衣则只能用手工、机器水洗或石油干洗的方法处理。

① 有颜料涂饰的剪绒革皮衣的手工清洗方法与普通光面皮衣的手工清洗方法相同，但是需要将剪绒革皮衣专用清洗剂与水稀释后，用干净毛巾蘸液擦洗内绒，边擦洗边用吹风机吹干，干透后进行梳绒整理。

② 其他类剪绒革皮衣的手工清洗方法和要点与苯胺革服装的清洗方法相同，内绒的清洗方法与颜料涂饰的剪绒革皮衣的内绒的清洗方法相同。

③ 石油干洗方法与石油清洗苯胺革服装的方法相同。

无论是绒面磨砂皮衣还是剪绒革皮衣，与光面皮革服装在洗涤方法上相比均有较大的区别。由于剪绒革皮衣表面带有短绒毛，易沾灰尘，水洗易脱色，故推荐使用干洗方法洗涤。剪绒革皮衣的洗涤法见表8-19。

表 8-19　剪绒革皮衣洗涤法

方　法	操　作　程　序
手工干洗法	① 用长毛刷和吸尘器除尘，边刷边用吸尘器将刷下的灰尘吸净 ② 将衣物平铺在台面上，用毛刷蘸溶剂汽油，在污染的部位顺着绒毛的倒向依次轻刷，并用干毛巾擦几遍 ③ 用软毛刷顺着绒毛的倒向整理，挂起阴干 　在操作过程中，应注意防火。由于干洗剂难以回收，故从经济角度出发多使用价格便宜的 120# 溶剂汽油或用高含量的酒精。这两种溶剂比四氯乙烯毒性小，挥发快。这两种溶剂都是易燃物质，使用时要无火操作
机械干洗法	① 用软刷和吸尘器将绒面皮的尘土清除 ② 用去渍法去除服装上的水溶性污垢 ③ 把服装放入干洗机，完成洗涤、甩干、干燥 　要求洗涤时间短，温度不能偏高，以防止服装脱脂。服装烘干后要及时取出、展平并用软刷对绒面进行整理

十、裘皮服装的洗涤

裘皮服装的毛板遇水后会出现板结发硬的现象，因此最好采用机械干洗的方法进行洗涤去污。干洗方法与绒面革相同，但在加干洗剂的时候为保证其毛质的光泽，还须同时加入毛质光亮剂和防水抗静电剂，以保证其蓬松柔滑的手感和油亮的真毛光泽度。裘皮服装的洗涤方法见表8-20。

表 8-20　裘皮服装洗涤方法

方　法	操　作　程　序
手工干洗法	手工干洗时，最好将裘皮面和里衬分别处理 ① 配制混合液。取含量为80%的酒精和24%的氨水，按照1∶1的比例配制成混合液 ② 取黄米粉和滑石粉按1∶1的比例混合，配制成混合物。用吸尘器清除裘皮服装上的土，用毛刷蘸上酒精和氨水的混合液，均匀地刷到毛皮上 ③ 把毛皮的各个部位，用手轻轻地揉搓一遍。揉搓后挂起晾干，待毛皮干透后，用吸尘器将毛皮上的混合物清除，再用软毛刷整理毛皮即可 　要求获得较好的光亮度，可以用毛巾蘸上醋酸水溶液（5%左右），将毛皮均匀地擦拭一遍 ④ 在清洗裘皮服装衬里时，先将服装下摆拆开，把里衬与毛皮隔离（可在二者之间垫一块板），用刷子蘸上洗涤剂清洗里衬，然后挂起晾干 ⑤ 将下摆等拆开处缝合
机械干洗法	① 用软刷和吸尘器去除裘皮表面灰尘 ② 按去渍的方法处理水溶性污垢 ③ 把服装放入专用的洗衣网袋内（洗涤时可避免或减轻裘皮毛被的磨损），然后放入干洗机筒内洗涤。洗涤时间、强度和温度要根据服装的污染程度和体积而定，一般洗涤时间要短，洗涤强度要弱，温度不能高 ④ 烘干后要立即取出服装挂起，并用软毛刷理顺毛被

　　一些浅色或白色的裘皮服装，穿后会出现毛被发黄的现象，洗涤时可以采取漂白处理。用清水与双氧水配制成混合液（双氧水漂白液的含量一般为 2%～3%）。配制双氧水的混合液时不能使用金属类容器，小毛刷上也不能有金属，金属会使双氧水漂白液迅速失效。用小毛刷蘸上混合液在污染的毛被处轻轻刷洗，待毛被变白后，再用湿毛巾（温水、拧干）把残留在毛被上的混合液擦干净。操作过程中，不能让混合液弄湿皮板，以免板结发硬；同时注意不要将双氧水弄到皮肤上，特别是不要溅到眼睛里。双氧水弄到皮肤上时，会使皮肤发生漂白效应，伤害皮肤，应当马上用水清洗。

　　白色绒毛发黄的处理如下：

　　① 配制漂白溶液，双氧水与水的比例 1∶10。

　　② 漂白方法：将皮衣套在人像气模上，用空气喷枪将溶液均匀雾化到毛被上，充分湿润 5min，用短毛刷蘸溶液从上至下轻柔刷洗，最后用清水、喷枪将毛被冲洗干净，置通风阴凉处晾干，将毛被按顺向进行梳通整理。

第九章
皮制服装洗涤后的整理

第一节　皮制服装的修补

　　裘皮与皮革服装在穿用或洗涤的过程中，难免会出现撕裂等现象。要使服装能正常穿用，就要对损伤部分进行修补。修整裘皮与皮革服装时，要求修整处牢固，不留疤痕，结实美观。几种常用的修补方法见表 9-1。

表 9-1　皮制服装的修补方法

修补类型	修　补　方　法
裘皮服装的修补	① 撕裂的修补。毛皮开裂为长口或三角口时，可以用细线缝合。线的松紧要适度，间距要均匀，裘皮毛被要平顺 ② 较大缺口或局部掉毛的修整。对于较大的缺口，可以寻找同种裘皮的小块料，理平、顺齐毛被，对好毛皮之间的接缝用线仔细缝合；裘皮服装局部脱毛时，可选用同类裘皮的小块料，用黏结剂将其黏结在脱毛位置
皮革服装的修补	① 擦伤的修补。首先将擦伤处平铺在台板上，在擦伤处涂上丙烯酸树脂，把表面的突起部位整理顺平，用吹风机烘干，再用熨斗烫平，最后用同色涂饰剂涂饰即可 ② 撕裂口的修补。皮革服装出现较大的撕裂口时，要先将破口处平展在台板上，取一块略大于破口的无纺衬，从破口处放入，垫在破口处下面，将皮革黏结剂涂入破口中（除专用的皮革黏结剂外，还可选用树脂类黏结剂，切不可使用 501、502 之类的"万能胶"，以免使皮革变形，出现硬结，影响外观），再把裂口对齐整平，然后在上面垫一层棉布，用熨斗整烫定型，最后用涂饰剂涂盖痕迹
皮革服装破洞的修补	皮革服装出现破洞时，用一般的粘补方法无法修整，只能用挖补的方法进行修补 ① 用刀具将服装的破洞处切割成一个方形或圆形的缺口，切割服装上的皮革时，刀口要向外倾斜 ② 寻找一片与服装皮革相似的皮块（皮块的边缘要向内倾斜） ③ 在垫在服装缺口处的无纺布和补丁皮块上均匀地涂上黏结剂，使修整部位有机地结合在一起 ④ 垫布，用熨斗压烫促使其黏合 ⑤ 用同色涂饰剂涂饰

第二节　皮革的染色

一、皮革染色基础知识

1. 人感受物体颜色应具备的必要条件

（1）光源　黑暗中，人无法辨别物体的颜色。同一种光源下，方可以正确辨别物体的颜色。在阳光下与在灯光下，同一物体常会有不同的色泽。

（2）物体　物体对光具有选择性吸收的性质，物体对可见光具有不同的吸收作用，这赋予了物体不同的颜色。

（3）眼睛　由于人生理上的差异性，眼睛对颜色的识别能力是不同的。例如：同样是红色物体，患有红绿色盲的人，就不能辨别其真正的颜色。

可见，色觉是光、物体、人眼相互作用的结果。

2. 颜色分类

（1）按视觉效果分类　一般可以分为中性色（非彩色）、彩色两类。中性色包括白色、黑色和灰色（亮灰色、灰色和暗灰色）。

（2）按人对颜色的感觉分类　一般可分为暖色调（如黄、橙和红的色调）和冷色调（如与蓝、紫接近的色调）。

3. 光谱与补色

（1）光谱　光是一种电磁波，波长越短，折射越厉害，紫光的光波最短，红光的光波最长。太阳光由不同的光波组成，用三棱镜来分解可分为红、橙、黄、绿、青（天蓝）、蓝、紫七种颜色的可见光谱（波长为 400～800nm）和不可见光谱 [红外线（波长>800nm）和紫外线（波长<400nm）]。

物质的颜色是由光的照射而产生的。光照在物质上所引起的反射、透射和吸收的作用不同，眼睛的感觉也不同。如果将三原色红、黄、蓝三种色光以不同的能量比例混合，会产生自然界中的各种色彩。

（2）补色　在皮革服装着色涂饰保养的实际操作中，要解决颜色拼配中的"色光"问题，就要了解和掌握有关"补色"的常识。

补色是指具有相互减色的两种颜色，又称为互补色。如在皮革服装着色涂饰实际操作中涂饰黑色颜料，但是由于黑色不纯泛有红色（也叫色头），这时可加入红色的补色——蓝绿色，用蓝绿色将红光抵消，使着色涂饰的皮革服装变成纯正的黑色。光谱色与补色见表 9-2。

表 9-2　光谱色与补色

光谱色	红	橙	黄	绿	青	蓝	紫
补色	蓝绿	青	蓝	紫红	橙	黄	黄绿

4. 颜色的三要素

亮度、饱和度、色相是鉴别颜色的三个基本量，用这三个量可以把复杂的色调化繁为简，加以区别。

（1）亮度　表示物体的反射或辐射光能的多少，亮度越大色调越鲜明。

（2）饱和度　也叫纯度。表示物体反射或透过色光的选择程度。物体既能反射某一色光又能反射其他色光，则该色的饱和度就小，例如，某色带有粉白感时，此色的饱和度就弱；再如，用同一种颜色与不同比例的白颜色相混合，就成了同一色调而饱和度不同的颜色，白色越少其饱和度就越小。

（3）色调　表示颜色属性及名称。它是由物体反射到眼睛的波长所决定的，给人的感觉如黄色、橙色、红色等。

自然界中千变万化的色调可分为两种：非彩色调与彩色调。非彩色调是由物体非选择性地吸收而产生的，如白、浅灰、深灰、黑等，可根据色度来区分。彩色调是除白、灰、黑以外的各种颜色，如红、黄、绿、青、蓝、紫、橙都是由于物体选择性地吸收反射光而形成的；彩色调必须在一定的亮度和饱和度下才可准确区别。

5. 染料与颜料

（1）染料　染料是指可溶于水或有机溶剂，可以使纤维或其他物质染上颜色的有机化合物。染料分子与被染物有较强的亲和力，能与纤维反应，可以固定在被染物上，使被染物牢固着色。染料分为天然染料和合成染料。

（2）颜料　颜料是指不溶于水或有机溶剂，以有机化合物为主，用于着色的物质。颜料对纤维亲和力弱，不能被纤维直接固着，经过处理后可以涂在物体表面使之着色。

6. 色泽名称和形容

（1）色泽名称　主要有大红、红、桃红、玫红、晶红、紫红、枣红、紫、嫩黄、黄、深黄、翠黄、湖蓝、艳蓝、深蓝、艳绿、绿、黄棕、红棕、棕、深棕、橄榄绿、草绿、灰、黑等。

（2）色泽的形容　一般采用"嫩""艳""深"等词。

根据补色的关系，在皮革染色时，如果发现染料副色较强时，则可加副色的补色来调整色泽。例如在染黑色时，发现色不正，泛有一定的红色时，可以加入适量红色的补色——蓝绿染料，这样可以使黑色显得纯正。

7. 颜色的调配

皮革染色时，使用一种染料往往不能获得所需的颜色，需要选择几种染料混合配色。配色时，颜料混合以后的颜色是由各种染料反射的混合光所决定的。目前，已经积累了相当多的实践经验，有一些有效、实用的调色方法。下面介绍用配色三角形基本原理调色的方法。

用三原色中的红、黄、蓝可以配成各种颜色，用红、黄、蓝组成一个正三角形，如图 9-1 所示。

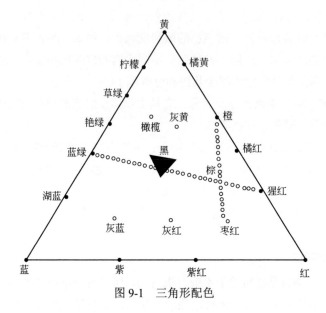

图 9-1　三角形配色

该配色三角形的顶点分别为红、黄、蓝三原色，中央有一个倒置的黑色三角形区域，三角形每一条边所属的颜色为二次色，可以通过调整三原色中某两种颜色的搭配比例而配成。例如：在黄色和蓝色这条边上可以构成柠檬、艳绿、蓝绿、湖蓝等二次色；在黄色和红色这条边上可以构成橙色、橘红、猩红等二次色。在二次色中，从黄色起沿三角形配色图由两边向红、蓝方向移动，颜色就逐渐加深。

除了原色和二次色外，在红、黄、蓝三角形内的颜色为三次色。三角形内每一点的色泽，都含有红、黄、蓝三种原色调。如图 9-1 所示，用等量的红、黄、蓝三原色可以调配出黑色；蓝绿色经过三角形中心的黑色区，到对边的猩红色，这两种色互为余色，适当地混合可以配出黑色。

在这个三角形内，某一点所表示的颜色，往往可以通过该点直线的两端所示的颜色进行拼配。例如：在皮革染色中，棕色是一种常用的色调，在三角形配色图右下方的位置上，是被邻近的橙、猩红、紫红及黑色色调所包围。因此，根据图中的位置，就可以按这种办法选择适当的染料进行拼配。染色过程中，利用三原色拼配的几种基本色调见表 9-3。

表9-3　三原色拼配的几种基本色调

拼配出的色调	调配比例		
	黄	红	蓝
橙	5	3	
绿	3		8
紫		5	8
橘黄	8	2	
猩红	2	8	
蓝绿	3		7
红蓝		3	7
蓝红		7	3
柠檬色	7		3
棕	4	4	2
海蓝	2	4	4
橄榄绿	4	2	4
黑	1	1	1

　　染色调配时，按表 9-3 中的比例，可达到色彩的要求。但是，颜色的鲜艳度和亮度（浓淡）方面要求不容易满足。拼配色调时，为了改善颜色的亮度，染料的品种越少越好。

　　皮衣色彩组合原理见表9-4。

表9-4　皮衣色彩组合原理表

三原色	红色、黄色、蓝色	色相			
三间色	橙色=红色+黄色 绿色=黄色+蓝色 紫色=蓝色+红色	皮衣色浆调配	主色/次色		色彩深浅控制
			咖啡色=红色+黑色		深浅±黑色
			棕色=红棕+黑色		深浅±黑色/红棕
			黄棕色=黄色+红棕		深浅±黄色/红棕
复色A	红橙=红色+橙色 红紫=红色+紫色 青绿=蓝色+绿色 青紫=蓝色+紫色 黄橙=黄色+橙色 黄绿=黄色+绿色		浅蓝色=蓝色+白色		深浅±白色/紫色/黑色
			草绿色=黄色+蓝色		深浅±黄色/白色/黑色
			紫红色=红色+蓝色		深浅±红色/蓝色/白色
		色谱排列	白色　柠檬黄　藤黄　土黄　橘黄　朱红 玫红　深红　赭石　熟赭　浅绿　草绿 深绿　湖蓝　深蓝　普蓝　青莲　煤黑		
复色B	橄榄色=橙色+绿色 灰色=绿色+紫色 棕褐色=紫色+橙色 深褐色=橙色+绿色+紫色	皮衣色调分类	绿色调：浅绿、果绿、黄绿、紫绿、草绿、翠绿 棕色调：红棕、黄棕、绿棕、灰棕、深棕 紫色调：红紫、蓝紫、灰紫、青紫 蓝色调：普蓝、藏蓝、鲜蓝、湖蓝 黄色调：橘黄、金黄、柠檬黄、蜜黄、土黄 红色调：橘红、大红、玫红、枣红、洋红、粉红		
光谱	红、橙、黄、绿、青、蓝、紫	说明	①浅绿也称黄绿；②粉色均加白色调配		
补色	①红色/蓝绿；②橙色/蓝紫；③黄色/紫蓝；④绿色/紫色；⑤绿黄/紫色；⑥青蓝/橙色				

二、皮衣配色原则

① 色彩有三原色，即红色、黄色、蓝色，将三原色中的两色等量相互混合产生间色，即橙色、绿色、紫色；由两种间色再相互混合产生复色，即红橙、红紫、青绿、青紫、黄橙、黄绿。

② 自然光源中阳光呈白色，人工光源中白炽灯呈黄色，日光灯呈蓝色，荧光灯呈绿色。蓝色表示冷色，包括绿色、青色；红色表示暖色，包括橙色、黄色。

③ 白光下物体所呈现的颜色为固有色，在一定的环境条件下，物体所呈现的不同色彩变化为环境色。

④ 配色前应了解单一着色材料的基本性能和色光，原则上应采用型号相同、性质相近的产品调色。

⑤ 选择近似的颜色作主色或基色，在主色中缓缓加入次色。调配灰色时，应将白色作为主色，将黑色缓缓加入白色之中。

⑥ 棕色皮件主色为红棕，蟹青色皮件主色为深黑，紫罗兰色皮件主色为紫红，天蓝色皮件主色为酞蓝，桂黄色皮件主色为金黄。

⑦ 配色材料所用种类应尽量减少，采用的着色材料品种越多，调配颜色时色光变化越大，不利于控制色光。

⑧ 选择皮衣未萎色部位作为配色标准，并将调配的颜色涂于皮面，用热吹风吹干对比色泽，一般湿样颜色干燥后还会变深，故湿样颜色要比需求颜色稍浅。

⑨ 调配颜色时根据补色原理来微量调整色光，但补色加入复色中以后会使色泽变暗，甚至变成深色或黑色，故浅色光面皮衣着色涂饰时尤为重要。

⑩ 若黑色不够纯正泛有一定红光，可加入适量红色的补色——蓝绿色，蓝绿色将红光抵消；若白色带有黄色，可加入适量黄色的补色——蓝色，用蓝色将黄色抵消。

⑪ 调配颜色时用冷开水或蒸馏水稀释，由浅至深，搅拌均匀，调配量应大于皮衣实际耗量的 10%，并尽量当天使用以防污染。若当天不用，应进行保湿和防尘处理。

⑫ 配色工具应保持清洁，防止污物或其他杂质混入而影响着色质量，配色场地要光线充足，应避开直射阳光和灯光，以保持色调一致。

三、皮衣着色涂饰、拼配颜色应注意的问题

在皮革服装着色涂饰保养工作中，皮革服装的着色涂饰要和原相应的颜色涂饰相同，才能满足其对颜色的要求。着色涂饰时，需要将两种或两种以上的不同颜色材料进行调和。应根据不同皮革服装的色料特点进行不同的色彩涂饰。影响皮革服

装着色涂饰保养的因素很多，其中配色是一个重要因素。需要引起注意的是颜色染料混合拼配与色光也有一定的关系。

① 选用颜料（染料）原料类型及性能相似的产品拼配，以防止出现褪色等质量问题。

② 选用的拼配颜色要根据补色原理进行微量调整，否则影响着色效果，并且会出现色调深暗的现象。

③ 选用的材料种类应尽量少，以利于控制色调。着色原料种类多，拼配时色调变化大，不利于控制配色的准确性。

④ 拼配时应注意：选择的工作场地光线要充足，但不要在阳光直射和灯光下配色，以防光的因素造成色调与皮革颜色不符。

⑤ 配色所用的工具要清洁，防止污染物影响皮革服装的质量。

⑥ 拼配时注意：要从"去远求近"的原则出发，如要求的颜色是绿色，应以绿色为主，非必要时不要用蓝和黄拼配。

四、皮衣染色规则

① 使用电脑全自动皮衣清洗机或手工对皮衣进行彻底清洗去污，消毒杀菌，柔软加脂，干燥处理。

② 染色上光前，对皮衣破损处进行补伤修复，对革面掉色露底、泛色发花处进行补色修饰，对革面伤、污色斑、裂口裂痕，通过使用底色剂打底覆盖。

③ 染色上光前，若皮革的柔软度仍然欠佳，可用海绵蘸柔软剂反复擦拭革面，让其充分吸收渗透，然后用清洁剂净面。柔软剂与水的稀释比例为1∶1。

④ 皮衣清洗后，若手感柔软，整体色彩均匀，为保护原有色泽和质感，减少涂膜层，只需增加亮度和鲜度，可用无色光亮剂均匀喷涂并晾干即可。

⑤ 调配皮衣颜料中已加入光亮剂、柔软剂、滑爽剂、树脂、固色剂、香味剂、防霉剂等，因此必须当天用完，防止凝结变质。

⑥ 根据皮革的种类、质感选择树脂，山羊皮、绵羊皮以中软为宜；猪皮、狗皮以软性为宜。用量按调配颜色量的40%掺入。

⑦ 无醛固色剂的用量为0.8～1.2mL，甲醛固色剂的用量为3～6mL，甲醛与水的稀释比例为1∶1。

⑧ 调配的皮衣颜料使用前必须充分搅拌均匀，用孔径为0.45mm（40目）的金属滤网过滤，剔除杂质及颗粒物，盛入喷枪的容器中备用。

⑨ 调节喷枪的喷射量，标准是喷射流畅呈雾化，喷枪与皮衣的喷射夹角为45°左右，喷射距离以15～20cm为宜。

⑩ 喷涂顺序为从上至下，先内后外，先难后易，先局部后大部，逐块分部进行。喷涂要均匀，不可过量喷射，以免发生流浆。

⑪ 若发生流浆，应及时用排笔清扫均匀，消除色痕。皮衣的隐蔽部位应绷撑抚平后喷射，必要时用热吹风机吹干，以免粘连。

⑫ 皮革缝里结合部位、荷包贴边部位，用油画排笔进行涂刷。二色以上皮衣，先用涂刷方式完成次色，再用喷涂方式完成主色。

五、皮革的染色和固色

（1）皮革染色的概念　皮革染色是指用调配的染料溶液对皮革进行上色加工处理，赋予其一定的颜色。

（2）皮革染色的基本要求

① 皮革色泽鲜艳美观，明亮清晰。

② 皮革外观颜色均匀一致，无色花现象。

③ 具有较高的坚牢度，不易变色和褪色。

（3）皮革染色的基本方法

① 使用专用设备用水浴染色（目前的主要方式）。

② 用染料液体喷染。

（4）对染料的基本要求

① 色泽鲜艳。

② 溶解性要好。

③ 可以在较低的温度下染色。

④ 匀染性、渗透性和遮盖力要好。

⑤ 染料与皮革有良好的亲和力，染色后不易迁移。

⑥ 耐溶解性好，不与涂饰剂发生反应。

⑦ 牢度好（耐光、耐洗、耐酸、耐碱、耐干擦、耐湿擦等）。

（5）常用染料　皮革染色时主要使用水溶性染料，常用染料见表 9-5。另外，还有金属络合染料、活性染料、硫化染料等。

表9-5　常用染料

类　别	特点及应用
酸性染料	酸性染料染色在酸浴中进行。染色后期常常需要加酸，目的是加深染的颜色或固定染料，因此称为酸性染料。常用的品种有酸性橙Ⅱ、酸性黑ATT等
碱性染料	碱性染料又称盐基性染料，它的色谱广泛、色调饱满、着色力强，但是不耐晒、不耐干、耐湿擦性较差，易褪色
直接染料	指对皮革染色时不需要媒染剂就能染色的染料。在皮革染色中，直接染料较多，色谱较齐全

（6）皮衣的固色 皮衣染色后都要求能耐湿擦。检验方法是用白色的棉花或纱布浸湿水，用力拧干水分，用棉花在皮衣上来回擦几次，棉花应不沾色。若沾色就为不耐湿或称为脱色。优质涂饰油应不脱色。对于脱色的涂饰油一般可实行固色操作，以提高涂饰油耐湿擦能力。固色有下列几种方法：

① 配色浆时，加几滴甲醛在色浆里迅速搅拌均匀，并且要及时使用，不能保存。

② 上色晾干后，用甲醛溶液（甲醛和水各半）轻轻刷一遍皮衣。

③ 上色后用透明油上一次光，即可防止脱色。

注意：皮衣要彻底晾干，否则可能会出现脱色或发黏的问题。脱色，就是皮衣上色晾干后，若遇水弄湿（如雨淋）用手摸即沾上颜色。出现该现象的原因是色浆不耐湿擦，上色时又没有采取固色措施。要防止这种现象，必须采取固色措施。

六、皮革涂饰材料

皮革用的涂饰剂是由各种涂饰材料现场配制而成的。要求形成的涂膜不仅具有一般涂层的性能，而且要软、耐挠曲，具有舒适的手感，能最大限度地保持天然皮革的真皮感和透气性。因此，其配方组成和所采用的材料有很大的特殊性。涂饰剂主要由成膜剂、着色剂、分散介质、助剂和添加剂四类成分组成。其中，成膜剂和分散介质是涂饰剂的基本组分；着色剂是赋予涂层色彩的组分，用于有色涂层的涂饰剂中，而对于无色涂层（如光亮层）的涂饰剂则须舍去；各种助剂或添加剂是赋予涂层不同特殊性的组分，加入的助剂或添加剂不同，赋予的特殊性能也不同。

涂饰剂常用的分散介质有水和有机溶剂两类。分散介质不同时，所采用的成膜剂、着色剂、助剂或添加剂及其配比也不同。成膜的机理不同，形成的涂膜性质也有所不同。因此，根据分散介质的不同，一般将涂饰剂分为水乳型涂饰剂和有机溶剂型涂饰剂两类。水乳型涂饰剂根据其乳粒所带的电荷不同，又可分为阳离子型和阴离子型两类。在普通光面皮革制品的涂饰中，用量最多的就是水乳型阴离子涂饰剂。水乳型阴离子涂饰剂所采用的成膜剂、着色剂、助剂或添加剂都是能在水中乳化、分散或溶解的材料，几乎全为阴离子和非离子型材料，配成的涂饰剂乳液的乳粒带负电荷。下面详细介绍水乳型阴离子涂饰剂的组成及性能。

1. 成膜剂

成膜剂是涂饰剂中最主要的组分，其作用是容纳或粘接涂饰剂中的其他组分，并使薄膜牢固地黏合在革面上。采用不同的成膜剂，涂饰后形成的涂层会有不同的光泽、手感、柔软性、延伸性、耐热性、耐寒性等性能。

水乳型阴离子涂饰剂所采用的成膜剂以阴离子水乳型和水溶型成膜物质为主，此外也有一部分非离子水乳型成膜物质。为了调节涂饰剂的电荷，有时也用少量水溶性极强的弱阳离子成膜物质。可以作为水乳型阴离子成膜剂的物质很多，主要有阴离子丙烯酸树脂乳液、阴离子丁二烯树脂乳液、阴离子聚氨酯乳液、阴离子硝化纤维乳液、乳酪素溶液等。其中与着色材料配合用作上色涂层的成膜剂材料主要包括丙烯酸树脂乳液、聚氨酯乳液和乳酪素溶液，而硝化纤维乳液主要用作顶层光亮固定层涂饰，又称其为固定光亮剂。

以上材料都可单独成为涂饰剂的成膜物质，也可选用其中几类作为一种涂饰层的成膜物质。在实际操作中所选用的性能优良的成膜剂，常常是由几类成膜材料按其优势配制而成的一种混合型成膜剂，其性能应达到如下标准：

① 固含量高，遮盖力强。

② 形成的薄膜应有一定的机械强度，具有一定的耐磨性能和耐冲击性能，耐老化性能良好。

③ 能适应寒暑四季的变化，在高温和天热时不发黏，低温和天冷时不发脆。

④ 形成的薄膜与被涂饰的革的延伸性要相适应，并与革面要有一定的黏合力。

⑤ 成膜轻薄，透气性要好。

⑥ 具有较高的抗干、抗湿擦性能。

⑦ 具有良好的光泽。

2. 着色剂

着色剂一般可以在水中分散，分散后成为分散颗粒带负电荷的颜料膏或者染料。颜料膏有两类：以乳酪素为分散剂和胶体保护剂的含酪素颜料膏和以合成分散剂（非成膜性物质）为胶体保护剂的无酪素颜料膏。

颜料膏可单独作为涂饰层的上色材料使用。采用颜料膏着色时，涂层对革面为遮盖性着色。使用含酪素的颜料膏着色，会给涂饰剂引入大量的酪素，降低涂层的柔软性，因此只适用于对柔软度或着色程度要求不高的涂层的着色。不含酪素的颜料膏中无成膜物质，用其着色后对涂层柔软度的影响不像含酪素的颜料膏那样明显，因此适用于柔软度不同的各种涂层的着色。颜料膏的性能主要体现在颜料膏的颜色、着色强度、遮盖力、颜料力度、颜料膏的稳定性等方面。其性能应达到以下几点要求：

① 固含量高，遮盖力强。

② 颗粒细，成膜薄。

③ 颜色鲜艳，色谱齐全。

④ 颜色的耐久性、稳定性好，即耐热、耐光、耐寒、耐机械力强，保质期较长。

3. 分散介质

分散介质有水和有机溶剂两大类。水乳型涂饰剂以水为分散介质，操作时最好选蒸馏水。

4. 助剂

手感剂为最主要的涂饰助剂之一。皮革涂层所用的手感剂种类很多，使用的种类不同，涂层所表现出的手感也不同。常用的手感剂有以下几种：

（1）蜡乳液　赋予涂层蜡感，使涂层光亮润泽。

（2）聚硅氧烷乳液　用于顶层聚氨酯、硝化纤维及醋酸纤维涂饰助剂中，能赋予涂层滑爽的手感。

（3）油感滑爽剂　是改性有机硅与脂肪的混合液。

（4）脂肪酸酯与低聚物的混合乳液　可使涂层柔软，具有油感。

（5）脂肪酰胺溶液　被称为蜡感剂。

（6）氟代烷基聚丙烯酸酯　被称为防水、防油型手感剂。

由于手感是一个非量化指标，不同手感剂在涂层上所表现出的性能差别在人手触摸判断时并不十分明显，在更多的情况下往往是一个比较模糊的综合感受。因此，涂层手感剂所表现出的性能，往往是一个综合感受，只是有些手感剂在某个或几个方面更为突出而已。

第三节　皮革服装加脂

一、皮革服装加脂及其功能

加脂，俗称打油或上油，就是对穿用或洗涤后缺脂的皮革服装采取相应的措施，使一定量的油脂渗入皮革纤维之间，形成一层具有润滑作用的油膜，以恢复其原有性能的处理过程。通过对皮革服装加脂，可以使油脂包裹在皮革纤维表面，使纤维之间形成一层具有润滑作用的油膜，可加强纤维之间的相互移动性，使皮革服装变得柔软、耐曲折，具有较好的使用性能。

二、加脂剂的种类及选择

加脂剂是一种重要的皮革化工材料，它不仅能提高皮革的丰满度、柔软性，而且对皮革的抗张强度、延伸性等物理性能起着重要作用。市场上加脂剂的种类繁多，应根据皮衣的工艺加以选择。

1. 加脂要求

① 加脂后的皮衣必须柔软、丰满，革面应滑爽而无油腻感，效果持久且皮革的物理性能（如延伸性等）有明显提高。

② 加脂剂应有良好的渗透性，易乳化、黏度低，具有流动性且长时间放置不酸败。

③ 光面皮衣加脂后不影响着色效果，且要求耐光性好，耐酸、碱、盐。

2. 加脂剂的种类及选择

光面皮衣常用的加脂材料主要分两大类：即天然油脂和合成加脂剂（表9-6）。根据所选的表面活性剂在水溶液中带电性质的不同，又可分为阴离子、阳离子和非离子型加脂剂。

表9-6　加脂剂

加脂剂	特　点
鱼油	鱼油主要从海鱼的体内提取。它的油润性好，容易使皮革纤维结构分散，令皮革柔软。鱼油类加脂剂是皮革最常用的加脂剂之一
牛蹄油	牛蹄油是从牛蹄中提取的油脂，它的性能稳定，用于皮革加脂时具有较强的柔软滋润性和填充性，是高档鞋面革的理想加脂材料
羊毛脂	羊毛脂是从洗涤粗羊毛的水中回收的脂，它能够吸收大量水分而形成很均匀的油包水型乳液，用于皮革加脂保湿性好，可以使皮革有较好的柔和感
牛、羊、猪油脂	很少单独用它们加脂
植物油	植物油有蓖麻油、菜籽油、棉籽油、豆油、棕榈油等。这类油的渗透性好，加脂后革身柔软，革面手感干燥而不油腻，但其滋润性不如动物油脂
合成加脂剂	合成加脂剂是一类较符合皮革服装加脂要求的加脂剂。合成加脂剂的品种较多，选用时应以满足皮革服装性能要求为原则

根据"同性相斥，异性相吸"的原理，皮衣表面电荷呈阳性时（铬鞣革或铝鞣革），应选择阴离子型加脂剂；皮衣表面电荷呈阴性时（醛鞣革等），应选择阳离子型加脂剂。然而，由于受多种因素的限制，难以确认洗衣行业所接触的光面皮革服装的鞣制方法，更缺乏相应的手段去检测皮革电荷，为了恢复和提高光面皮革的柔软性、弹性和延伸性，在给光面皮衣中补充加脂前，应利用清洗和净面的方法中和或减弱皮面电荷，以利于加脂剂的渗透。在使用中应注意的是，阴离子加脂剂不能和阳离子加脂剂混合使用，如果混合将会发生破乳现象且失去流动性。

通常，要求柔软的革应选用渗透性好的油脂；要求表面油感好的革，可搭配少量的生漆剂或阳离子加脂剂。绒面革应选择丝光感好的加脂剂；白色或浅色的皮革要选用耐光的加脂剂。对于耐干、耐水洗的皮革，应选用与皮革结合性好的结合性加脂剂；对于高档皮革服装，要选用乳化性能好、渗透力强的加脂剂。

皮革服装加脂剂的用量，要根据皮革的品种和加脂剂的种类而定。一般软革的加脂剂用量较大；而坚实、弹性好的革加脂剂用量较少。绒面革加脂时，为了使绒毛不油腻发黏，加脂剂的用量不宜太多。

三、皮革服装喷涂或刷涂加脂时应注意的问题

目前，皮革服装趋于"轻、薄、软"，要求加脂剂的柔软性好，能在革内很好地渗透。一般采用浓度适中、大剂量、分步加脂操作，有时可采用二次加脂，使革吸收较多的油脂，保证油脂在革内分布得更加均匀。皮革服装喷涂或刷涂加脂时应注意以下问题：

① 按加脂剂的性能和使用要求，用40～60℃的热水溶解加脂剂，搅拌均匀，使之完全乳化后再使用。

② 在喷涂或刷涂过程中，服装表面涂液要均匀，按先后顺序不漏涂、不重涂。

③ 乳液被革吸附以后，在革面较硬的部位可以适量重涂，以便使皮面整体的柔软度统一。

④ 要保持服装和操作环境周围清洁，避免沾上污物，出现印迹。

⑤ 要掌握好加脂乳液的浓度。加脂时，乳液的浓度影响乳液在皮革纤维内的渗透深度。浓度小，加脂剂在皮革上的渗透和分布较好，皮革柔软。浓度大，油脂的渗透性差。加脂可以分几次涂刷完成，使皮革吸收较多的油脂，促使皮革更加柔软。

⑥ 要掌握好加脂剂的温度。低温加脂时，油脂在革内渗透和分布较均匀，但吸收慢，当温度低于30℃时，就很难吸收；加脂时温度过高，则会出现革粒粗的现象。所以，加脂温度一般要控制在45～55℃。

第四节　皮革服装的涂饰

一、皮革服装涂饰及其目的

1. 皮革服装涂饰

皮革服装在穿着使用过程中，由于外力、日晒、气候影响，会出现掉色、变色、失去光泽等变化，仅清洗干净无法达到"一洗如新"的效果，必须还要进行上色修复遮盖，改善其光泽。皮革服装涂饰就是对那些掉色和发旧的皮革服装采用喷涂或刷涂的方式将涂饰剂涂在皮革表面，使皮革表面形成一层保护性涂层，获得良好的外观和实用效果。

2. 皮革服装涂饰的目的

① 增加皮革服装的整体美观，满足穿用者对颜色、表面手感和光泽的要求。

② 为皮革服装表面增加一层保护性涂层，不易沾污，容易清洗保养，耐用。

③ 遮盖或弥补皮革面料的缺陷，提高皮革服装档次。

二、涂饰剂

涂饰剂一般由成膜剂（胶黏剂）、着色剂、光亮剂、固定剂、涂饰助剂和介质组成。

1. 成膜剂（胶黏剂）

成膜剂（胶黏剂）由蛋白质类、丙烯酸树脂类、聚氨酯树脂类、纤维素类以及其他树脂类组成。它是涂饰剂的主要成分之一，可以使着色剂和其他助剂固定在皮革服装表面，并使皮革富有一定的色泽和美感。成膜剂的主要品种有丙烯酸树脂、丁二烯树脂和聚氨酯树脂。

选用成膜剂时，一定要注意极性问题，阴离子型与阳离子型的成膜剂不能混合使用，只有极性相同的才能同时使用。

2. 着色剂（颜料和染料）

着色剂（颜料和染料）由颜料膏和色浆液体染料组成。颜料大多数不溶于水，对着色物体不具备亲和力，必须借助适当的成膜剂才能固定于物体的表面。染料能溶于水，对纤维有一定的亲和力，可以固定在纤维上。

在皮革服装的涂饰中，往往要通过拼色方可获得需要的颜色，这是最关键的工作环节。拼色最好在阳光下进行，不要在灯光下进行。

3. 光亮剂

为了增加皮革的亮度，在皮革的涂饰表层要用光亮剂涂饰上光。一般选用亚光型光亮剂，如硝化棉 745 光亮剂，使用简便，上光效果好，可以单独使用，也可以与其他涂饰剂配合使用。

4. 固定剂

在皮革服装涂饰中一般以甲醛为固定剂。经甲醛固定，可以增加皮革的耐擦性能。使用时要适量，用量少达不到固定效果，用量多会使皮革表面粗糙。

5. 涂饰助剂和介质

涂饰助剂由表面填充剂、补伤剂、手感剂、增稠剂和固定剂等组成。介质为溶剂水。

一般皮革服装的涂饰是多种涂饰材料复合加工的过程，各种涂饰材料起着不同的涂饰作用。其中不可缺少的材料有成膜剂、着色剂、光亮剂和固定剂，有时为了取得涂饰后的某一种特殊效果，还要用一些涂饰助剂。

三、皮革服装涂饰的形式

1. 一次涂饰

一次涂饰指对皮衣的涂饰保养一次完成的涂饰程序。皮革服装也可以一次涂饰完成，虽然这种方式比较省时、快捷，但是涂饰的效果比较差。常见的涂饰材料组合如下：

色浆	30 质量份	甲醛	8 质量份
树脂	25 质量份	水	30 质量份
加脂剂	7 质量份		

2. 二次涂饰

二次涂饰即中涂和顶涂，指由中涂和顶涂组成的两次涂饰过程。皮革服装一般都适合于二次涂饰。中涂是指给皮衣着色的过程。顶涂是指给皮衣着色、固定光亮及增加手感的过程。配色时所用色膏的数量越少越好，所用色膏的数量多会使色光萎暗，要在阳光的散射光下配色，防止色光产生大的误差。

3. 三次涂饰

三次涂饰是指对皮革服装的改色，通过底涂、中涂、顶涂三次完成。底涂涂料由软型树脂、着色剂、渗透剂和加脂剂组成。各种材料的搭配比例，可以参照所用树脂的要求。中涂涂料由软型树脂和着色剂组成。顶涂涂料由硬型树脂、手感剂、固定剂组成，还可以由光亮剂和固定剂组成。

一次涂饰和二次涂饰的适用范围和工艺过程见表 9-7。涂饰方法有喷涂法和手工揩涂法两种。

表 9-7　皮革服装涂饰基本形式

涂饰形式	工序过程	适用范围	注意事项
一次涂饰	① 用着色材料（色膏），根据须上色衣服未经磨损部位的颜色，配出该皮衣的颜色 ② 将成膜材料（此材料为已有柔软剂和固定剂成分的成膜剂）按该产品使用说明的比例加入色膏中，搅拌成均匀的涂饰剂待用 ③ 用喷涂或揩刷的方法将涂饰剂均匀地涂饰于皮革表面，待干透即可	对于手感、柔软度要求不高，但需要较亮光泽的中低档普通光皮服装	① 配色要求与原色色差尽量小 ② 涂层不宜太厚 ③ 涂饰材料的配比可根据皮衣的状况做适当调整
二次涂饰	① 将色膏按照须上色皮衣的原色进行配色 ② 将成膜树脂（不含固定交联材料的树脂）按产品使用说明的比例与配色后的色膏搅拌成均匀的上色涂饰剂 ③ 进行中涂。用喷涂或揩刷的方法，将涂饰剂均匀涂饰在皮革表面 ④ 待中涂涂层干透后做顶涂。将固定光亮剂喷涂于皮衣表面，干燥后再将手感剂喷涂一遍，干透后即可	所有普通的光面皮衣，特别适用于对手感要求较高，且光泽要求自然的中高档普通光面皮衣	① 涂层不宜太厚，特别是顶层，要求薄 ② 涂饰层的配比应符合产品的使用说明 ③ 每一遍涂饰应在上一道工序完成且干燥后进行

（1）喷涂法　喷涂法是指利用空气压缩机和喷枪，靠压缩空气产生的气流扩散力，将装在喷枪内的涂饰剂雾化，使雾化后的小液滴喷于皮面上的方法。当涂饰剂液珠在皮衣表面均匀分布且密度较大时，便形成一层均匀的液膜，干燥后便成为一层涂膜。

喷涂要点包括：

① 皮衣须悬挂，最好是穿在立体人像机上。

② 喷涂时压缩机的压力不能小于 0.2MPa。

③ 喷枪与皮衣表面的距离一般为 15～30cm。

④ 喷涂时最好采用十字交叉的方法，以防漏喷。

（2）手工揩涂法　将皮衣平铺在工作台面上，利用毛刷或海绵蘸取涂饰剂，分片、均匀涂抹在皮衣表面上，抹成一层均匀的薄膜。

揩涂要点包括：

① 平铺皮衣的工作台面要平整。

② 揩刷时要求揩抹速度快，整个皮衣不漏底，不留刷痕。

四、重垢、特殊污渍的处理方法

皮革服装上的重垢、特殊污渍需要特殊处理，处理方法详见表 9-8。

表 9-8　重垢、特殊污渍的处理方法

污渍类型	处　理　方　法
光面皮衣上的油脂类污渍	用溶剂性褪色材料轻擦污渍处即可去除，擦拭时应注意尽量少破坏皮衣原涂饰层颜色
衣领部、袖部的重油垢	用含非离子表面活性剂的重油垢去除剂，浸涂重垢处，放置 5～8min，用板刷刷洗并用毛巾配合擦拭。此过程可根据脏污程度反复进行，即可基本除去污渍。待清洗处干透后，放入干洗机中洗涤即可将油完全去除
磨砂绒面上发亮的脏污渍	用起绒刷或细砂纸摩擦污渍，通过机械力的作用，将板结并发亮的污渍去除
苯胺类、磨砂绒面皮衣上的油渍	由于苯胺类和磨砂绒面皮革的染整特性，油渍会完全渗透在皮革纤维中，一般不易彻底去除。处理时将油渍部位皮板背面垫一块棉布，浸涂重油垢去除剂后，用去渍刷拍打污渍处，此过程可反复进行，直到油渍处颜色变浅

五、各种皮革服装的涂饰保养和修复方法

皮革涂饰保养是一个对旧皮衣再一次美饰的过程。旧皮衣不仅需要保养，还须对其穿着中造成的损伤及自然老化的裂痕进行修复，以改善其穿着效果。皮衣涂饰保养及修复法见表 9-9。

表 9-9　皮衣涂饰保养与修复法

种　类		修　复　方　法
创伤	① 皮衣在穿着时，由于外力作用而产生的破裂划伤、刺伤或炙烤的烙印 ② 皮衣清洗后出现的原来未显著的、在制衣时机械作业留下的划痕，皮板上原有在制革中造成的划痕 ③ 皮板上原有的疤疮	① 将创伤处洗净干透后起绒 ② 将补伤膏与色膏染水调和成与皮伤处相近的颜色 ③ 将经调色后的补伤膏填在创伤处用刮刀抹平 ④ 待干透后用细砂纸轻磨达到平整 ⑤ 用准备做涂饰时调好色的颜料对补伤处进行局部校色，待干燥后与整件皮衣一起涂饰即可

种 类		修 复 方 法
裂面	大面积表面涂层自然老化或黏合强度不佳造成的表面龟裂、裂纹、掉皮、脱色	① 先用去膜材料将老化或黏合力不佳的龟裂涂饰层除去 ② 对去除涂饰层的表皮进行加脂整烫 ③ 待干透后，用重新配制的加有交联成分的涂饰剂对该皮衣进行重新涂饰
	局部表面涂层被磨损脱落，同时皮板也磨损发毛，产生细小裂纹	① 将裂面处做防渗透封闭处理 ② 干透后整烫，喷涂裂面修复剂，干透后再整烫 ③ 待磨损裂面处达到光滑平整后，先使用已准备好的并调色完成的涂饰剂进行局部补色。待干透后进行整烫，然后再大面积上色涂饰即可

六、老化皮革服装的洗涤涂饰保养

老化皮革服装的保养，包括洗涤保养和复鞣保养。

1. 老化皮衣的洗涤保养

老化皮衣的洗涤保养是指对老化皮革服装用清洗剂和去膜剂处理的保养。

（1）清洗材料 对于自然老化的皮革制品，清洗时最好选用 pH 值为 6 左右、弱酸性、含有表面活性剂的水性清洗材料。其他类型的皮衣可采用溶剂性清洗剂，在清洗的同时能去膜褪色，如四氯乙烯溶剂等。

（2）去膜材料 去膜材料分为溶解型去膜剂和分解型去膜剂两类。溶解型去膜剂即溶剂型去膜剂，主要选用溶解型化工材料，如丙酮、醋酸丁酯、醋酸乙酯等，加工而成。分解型去膜剂即水性去膜剂，主要选用水溶性化工材料（如氨水、四硼酸钠等）加工而成。它对涂饰层有很好的分解、剥离作用，能有效去除皮衣表面的水溶性涂饰层。

皮革服装老化的因素及洗涤保养方法见表 9-10。

表 9-10 老化皮衣的洗涤保养

老化的因素	洗 涤 方 法
多年穿着、自然老化、脱脂、皮板干燥变硬	应采用手工清洗的方法，不宜采用机械洗涤
因不正确的涂饰保养工艺或材料处理方法导致变硬	须采用去膜洗涤处理，通过去膜材料将发硬的涂饰层从皮革服装表面除去，去膜洗涤时可采用手工方式也可采用机械方式，如机械水洗或四氯乙烯干洗 　手工去膜的方法：将皮革服装平铺在工作台上，用板刷蘸去膜材料，用适当的力量刷洗皮革表面，直到板刷将厚硬的涂饰层带起，然后用毛巾擦除 ① 在去膜时要注意保护里衬，以免里衬受到去膜剂及脱落涂饰层的污染 ② 分片、逐步进行去膜，用力均匀，以免遗漏或去膜不均匀、不彻底 ③ 用溶剂型去膜材料时要边刷边擦，动作迅速，同时操作时要在通风的环境下，以减少去膜剂对人体造成的危害 ④ 用水性去膜材料时，要先将去膜材料刷涂在皮革制品表面，浸润片刻，再用板刷刷除

续表

老化的因素	洗 涤 方 法
穿着后出现油霜、盐霜或储存中发霉、变干、变硬	① 清除油霜可采用高温熨烫，通过高温将其析出至皮革表面，使鞣革时加入的不稳定油脂溶解，然后用 pH 值为 8 左右的清洗剂刷洗表面 ② 清除盐霜可采用手工清洗，清洗时在清洗剂中加入一定的植物油类加脂助剂，刷洗即可。霉变也可用此法，同时也可采用四氯乙烯干洗或石油干洗的方法将其去除

2. 老化皮衣的复鞣保养

复鞣是指对老化变硬的皮革进行加脂处理，使其恢复原来的柔软性和弹性，延长其使用寿命的过程。

（1）复鞣材料的种类和性能　加脂剂的品种很多，按加脂剂中活性物的离子性可分为阳离子型、阴离子型、非离子型和两性离子型加脂剂四大类，其中以阴离子型加脂剂的用量最大，应用最广；按化学组成和加工方法可分为天然油脂（主要是动物油脂和植物油脂）、天然油脂化学加工产品（在油脂分子中引入亲水基团或者通过其他方法使部分油脂分子成为离子型的表面活性物）、矿物油（主要是含 C_{14} 以上的烷烃）、合成加脂剂（以石油化工产品为基本原料，制成自身乳化型合成油或者配用乳化制剂制成水乳型合成油）、复合型加脂剂。从加脂剂的类型可以看出其主要生产原料有天然油脂、矿物油脂、合成脂以及合成乳化剂等。

（2）复鞣加脂剂的选用　加脂剂的品种很多，应根据老化皮革的状况进行选择；加脂材料的选用标准包括：①含脂量高，渗透性好；②乳化性能好；③稳定性好；④皮革涂饰层为阴离子，宜采用阳离子或非离子型加脂剂，皮革涂饰层为阳离子时则宜采用阴离子加脂剂，复鞣效果较好。

（3）复鞣方法　老化皮衣的复鞣方法和工序见表 9-11。水洗复鞣工序见表 9-12。

表 9-11　老化皮衣的复鞣方法和工序

复鞣方法	工　序
手工复鞣	① 将选择的加脂剂调配后刷涂在老化皮革表面，并使其尽量吸收 ② 加脂剂刷涂完成后，将皮革翻转叠好放入封闭的塑料袋中，在常温状态下放置 10～20h ③ 将皮革服装取出摔揉，摔揉的方法有两种：一种为手工搓揉；另一种是将皮衣放入烘干机滚筒内，加入实心塑料胶球，模拟制革中转鼓摔揉皮革的方式，机器中的温度保持在 30℃左右，通过转笼的正、反转及胶球摔打的机械力将其柔软
干洗复鞣	① 将须加脂处理的皮革服装称重后放入干洗机中 ② 温度控制在 20℃左右，清洗皮衣 3～5min，将去膜过程中带入的有机物料溶于干洗油而除去 ③ 从纽扣收集器中加入复鞣皮衣量 30%左右的干洗皮革加脂助剂，在 20℃左右温度下，保持洗涤加脂 8min 左右 ④ 按干洗皮革服装的要求进行脱液烘干即可
水洗复鞣	将皮衣拆除里衬称重后，放入水洗机滚筒内按表 9-12 的工序操作

表 9-12　水洗复鞣工序

工序		化工用料	温度/℃	质量份	时间/min	pH 值	备　注
水洗加湿		水	40	800~1000			干皮衣重的 100%
		渗透剂		3			
		小苏打		3	30	6.5~7	洗涤
		纯碱		3	60	9.5	
		硫化碱		1.5	60	11~12.5	间歇洗涤 12h
换浴水洗		水		800~1000			洗 2~3 次
浸酸铬鞣	浸酸	硫酸		2	60		用冷水溶解，间隔 15min 加入
	调碱	小苏打			50		间歇洗涤 6~8h
	铬鞣	铬粉醋酸钠		5~10 1.5~2	60~90		
	加脂	阳离子加脂剂		1~1.5			
	调碱	小苏打	20	1	60~90	4	用温开水溶解分三次加，间歇洗涤 6~8h
换浴水洗		水		600~800			流水洗 2 次
中和		水	35~40	600~800			
		醋酸钠		2~3			
		小苏打		1~1.5	60	5.5	
水洗复鞣	水洗	水		600~800			流水洗 2 次
	复鞣	水	40	600~800			
		复鞣剂		3~8	60		
		甲酸		0.1~0.2	30		冷水溶解慢加入
加脂固油		水	50	800			
		加脂剂		10	60		
		甲酸		2	30	3.6~4	冷水溶解分 3 次加入
		阳离子加脂剂		2	30	3.6~3.8	
换浴水洗		水	20	600~800			温水洗 2 次
干燥摔（搓）软							滚筒内加入大小不等的实心橡胶球

3.老化皮衣的涂饰保养方法

老化皮衣的涂饰保养方法见表 9-13。

4. 改色涂饰保养法

皮革服装的涂层遭到人为或自然条件的影响会变差，皮革服装本身的涂饰层有问题或对皮革服装原有的颜色不满意时，都需要去除革面原有涂层，然后再进行重新涂饰或改色涂饰，以改善或改变原有涂饰层颜色。改色涂饰工艺如下：除膜→加脂→改色→涂饰保养。

表 9-13　老化皮衣的涂饰保养方法

皮衣类型	涂饰保养方法和工艺过程	注意事项
苯胺革、半苯胺革及发泡起皱皮革	① 底涂。轻喷防渗封闭剂两遍，磨损严重的应多涂几遍。干后熨烫（温度控制在100℃以下）。须补伤处做补伤处理 ② 中涂。无磨损、洁净度好的苯胺革和发泡起皱皮革用染水与苯胺成膜剂，按产品说明比例配制喷涂，轻喷多遍进行上色；半苯胺革及磨损重、洁净度不佳的全苯胺革、发泡起皱皮革的上色方法相同，但上色材料不能单用染水，须添加一定量的颜料膏，以增加上色涂层的遮盖力 ③ 顶涂。用喷涂的方法，喷固定光亮剂和手感剂	① 涂饰层一定要较薄，以保证皮衣涂层透明，粒面清晰 ② 此类皮衣光泽为自然光或亚光型，忌喷涂高光 ③ 每一遍涂饰均须在上一遍涂饰干透后进行 ④ 做不同材料的喷涂前，均须将喷涂工具、喷枪清洗干净后进行 ⑤ 涂饰剂使用前，均须搅拌均匀并用纱布过滤 ⑥ 做好皮衣里衬的防护，防止污染
剪绒皮革（毛皮一体服装）	（1）有光亮涂饰层的剪绒皮革。其涂饰方法和工艺与半苯胺革相同，只须将涂饰剂中的成膜剂换成剪绒皮革专用成膜剂，颜料膏成分适当增大 （2）无光泽涂层的剪绒皮革 ① 底涂。轻喷防渗封闭剂2～3遍，干透后熨烫，温度控制在80℃以下，须补伤处要做补伤处理 ② 中涂。与苯胺革相同，但须将成膜材料换成剪绒皮革专用成膜剂 ③ 顶涂。与苯胺革相同 （3）有印花的剪绒皮革。其涂饰方法与"无光泽涂层的剪绒皮革"相比，不同之处是，在中涂时，上色材料的颜色标准须以原皮衣深浅相间印花图案中的中间色为准，以保证上色后花纹不被遮盖	① 防渗封闭层一定要喷匀、喷到，以防泄漏，造成中涂涂饰剂渗透过多，使皮板变硬 ② 涂层不宜太厚，以保证其手感柔软 ③ 喷涂时，要做好内绒防护，以防污染
特殊效应革	此类皮衣的表面涂饰效果在皮衣保养涂饰时很难恢复，不提倡大面积上色，只须采用无色涂饰即可，程序如下 ① 局部磨损部分可进行补色，补色剂的调配与半苯胺革的中涂涂饰剂相同 ② 将补色剂用手工揩涂的方法轻涂磨损掉色处 ③ 补色干透后，用固定剂进行大面积涂饰。此过程重复进行2～3遍	
磨砂绒面革	如果清洗后的皮衣洁净度好、色泽均匀，须按以下程序护理保养 ① 进行清洗后整理梳绒 ② 轻喷色泽恢复剂，视颜色深浅确定此工序的遍数	① 色泽恢复剂一定要喷匀 ② 梳绒时，一定要顺方向进行 ③ 较浅色绒面服装，喷色泽恢复剂时要慎重，以免颜色变深

（1）除膜　根据皮革服装涂饰膜的物理化学性质，应选用相应的去膜剂去除涂膜。

除膜时，要先小面积试验，用擦拭或浸泡的方法并做好防范措施。边除膜边用毛巾擦净脱落的涂料及颜色，以避免污染衬里。用脱膜剂擦拭革面涂层时，不要用力过大，以免损伤革面。采用浸泡法时，还要注意皮革服装里衬材料缩水对革面的影响，以及浸泡对衣服衬里颜色的影响。

（2）加脂整形　如果去膜后皮板干燥缺油，就要加入皮革加脂剂。如果去膜后服装材料出现变形，可用整体撑平拉直的办法，用蒸汽熨斗喷上少量蒸汽，潮后再垫丝绸布熨平。

（3）改色　将改色剂用板刷均匀涂刷于皮革表面，要做到均匀遮盖、不露底。

（4）涂饰保养　待改色干透后，按本节第五小节中介绍的方法进行保养涂饰。

七、麂皮及绒面皮革服装的复染和保养

麂皮及绒面皮革制品以其高档、自然、休闲的风格越来越受消费者欢迎，特别是麂皮革服装，有良好的柔软性、保温性、吸汗性及丝光手感。这类皮革服装在穿着使用及清洗后会有褪色、色花或沾染一些油污难以去除。为保证其外观色彩，改善其整体穿着效果，须对皮衣进行复染保养。高档皮衣的复染保养见表9-14。

表9-14　高档皮衣的复染保养

皮衣类型	特征	复染保养
麂皮 （油鞣绒面革）	既具备较强的尘粒容纳性，又有良好的洗净和可拧干性能。在清洗后，洁净度较好	① 加脂。原皮革服装有蜡感效果，洗后蜡感效果消失或变差，须重喷蜡感乳液及加脂剂，加脂剂按产品使用说明书加水稀释后喷2～3遍 ② 干燥。晾干，如果喷蜡感乳液的皮革服装保持在40℃的烘干机内烘干则效果更佳 ③ 整理起绒。使用人像机高压蒸汽整烫，然后用起绒器起绒，观察上色前的色泽情况决定喷染程度 ④ 着色。染料按产品说明稀释后喷涂3～5遍，每喷一遍均须待其干透起绒后观察上色情况，以决定下一次喷射量和次数，完成上色程序，待干燥后再进行固定 ⑤ 固定。着色均匀并干燥后用绒面革固定剂少量喷射1～2次 ⑥ 做手感及防尘、防水处理。根据原皮衣的手感效果选择少量手感剂喷涂一次，干燥后用溶剂性防尘防水剂轻喷一次
绒面革 （非油鞣革）	此革从皮板背面可观察到发蓝现象而无油鞣痕迹，洗后普遍出现严重褪色现象，还会出现未洗净的污渍和油渍	此类皮革服装的洗涤保养与油鞣革基本相近，但须做以下两处调整： ① 所用的加脂剂为纤维软化加脂剂，仅软化皮毛纤维而不具备油润功能 ② 上色时，须在涂饰剂中加入少量无酪颜料，以增加遮盖力，减少较重色差和未洗净污渍的影响。同时上色的涂饰剂也要加入纤维软化剂，保持绒面革的手感效果，加入量为涂饰剂总量的10%左右，其配比参考数值为上色材料10%，纤维软化剂10%，水80%

八、皮革服装涂饰中常见问题分析

皮革服装着色涂饰保养工艺和涂饰剂的配制，都要求严谨、细致，稍有疏忽就可能导致皮革服装外观不良等质量问题。经过保养的皮革服装不能给人以塑料感，应给人以弹性好、柔软性强、平顺光滑的感觉。因此在实际涂饰操作时，要"看皮洗皮""看衣做衣"，理论结合实际，不断总结经验，才能不断地提高皮革服装涂饰保养的质量。因涂饰不当而产生的问题及原因分析见表9-15。

表 9-15 涂饰中常见问题及分析

涂饰缺陷	表 观 现 象	产 生 原 因
刷痕	刷过的涂膜上有线状花纹	① 毛刷太硬、工具不洁净 ② 涂饰剂液体浓度调配不当，用浆不均
颗粒点	涂层上出现点状花纹	① 涂饰剂中有颜料颗粒组或革面上不洁净，有污粒 ② 涂饰剂浓度过高，产生气泡 ③ 涂饰剂存放久，有颗粒物质产生 ④ 泡沫塑料损坏，塑料颗粒留于革面 ⑤ 喷枪未清洗干净
滴浆	涂饰剂浆液滴在革面上，干燥后呈印花纹	① 喷涂空气压力不足 ② 浆液滴落在革面上，未能及时展平与揩涂
流浆	涂层上存有流动的浆液，干燥成膜后呈条状印花纹	① 喷或刷的浆液过多，未及时清除 ② 涂饰剂浓度太低 ③ 皮革服装革面沾上油渍，清除不净，皮质皮板不吸浆
色花	涂层干燥成膜后颜色深浅不均	① 原料的皮质差，原料伤残，生产过程因素（油斑、灰斑、鞣制等），皮革服装的表面有污垢清除不净 ② 颜料膏涂饰剂在使用时未能充分化开，分散不够均匀，色杯内涂饰剂未调匀 ③ 工具不洁净 ④ 工作环境不卫生及温度太低 ⑤ 涂层的喷涂、刷涂、揩涂不均匀
掉浆	皮衣上光或上色后，涂饰层一点点地脱落，严重的一团团地脱落，使皮面上产生露底、斑痕、烂面等	① 皮革服装革面上的油污未能清除干净，涂饰时涂饰剂难涂上，涂饰后涂饰剂的黏性差、易脱落。这是常见的原因 ② 皮衣穿久后，厚皮衣上的涂饰层已经松动（掉浆、裂纹、烂面等），涂上油后仍会掉下 ③ 涂饰剂黏性太差，如把颜料或色浆直接拿来上色，一般都会发生掉浆的现象 ④ 涂层的固定剂用量过度，或涂层太厚未干透 ⑤ 涂饰剂配制不当，成膜剂少、增塑剂量大
色调灰暗	涂层涂饰后光亮度低	① 光亮剂中加水过多 ② 光亮剂久置，增塑成分挥发（醋酸丁酯等）造成光亮度减弱
涂层发黏	皮革服装重叠，分开时发出"嘶"声，手感发黏。皮衣上油后难晾干、黏糊或收藏时皮衣黏结，拉开后涂层脱落	① 皮革服装涂层含水量大，涂饰未干透就上油 ② 皮衣上油后涂饰膜干燥不彻底，未晾干就收藏 ③ 油质太软，黏性太大。涂饰剂中柔软树脂的比例大或涂饰剂中增塑剂量过大 ④ 夏天温度过高，油质不耐热
散光	皮衣上色后，仍能看到皮衣的底色或用手拉皮衣，皮面颜色变浅	① 涂层太厚 ② 乳液（酪素）涂层延伸性小于革的延伸性 ③ 涂饰剂不耐老化
裂浆	将皮革服装革面进行拉伸，涂层的颜色发生变化	④ 革面上有油垢 ⑤ 涂层固定不当，甲醛用量过多
露底	手指在革面向上顶并来回移动，发现涂层裂开	⑥ 涂饰剂配伍不当，成膜剂比例小 ⑦ 色浆的遮盖力太差，未刷均匀
掉色	耐干、耐湿擦性差，皮革服装涂膜擦后脱落	① 涂饰剂中颜料含量大或颜料颗粒粗 ② 光亮剂用量少 ③ 蛋白质类（酪素）涂饰配伍不当 ④ 上色时采取的固色措施不当

九、皮革染化剂

皮革染化剂有多种，它们的性能和用途见表 9-16。

表 9-16　皮革染化剂的类别、性能和用途

皮革染化剂的类别	主要性能	用　途
补伤膏（剂）（含有多种高分子成膜物质和多分散超细微粒固体物质或其他类型消光物质的材料）	具有极强的遮盖力，良好的黏合作用，极佳的流平效果	利用补伤膏（补伤剂）在伤残处可形成与革纤维具有同步化学洗涤性能、相近的视觉感受性能、相似手感的遮盖性膜。用它对伤残处进行填补黏合、遮盖，已达到从视觉上消除和掩盖伤残处的目的
裂面修复剂（聚丙烯酯水性乳液，是一种流动性极佳的软性聚合物）	具有良好的填充性、流平性、黏合性和弹性	修复涂层或皮革的细小龟裂，并能保持皮革的软度
去膜剂（一种能溶解树脂，并使之脱离革面的多种溶剂混合而成的溶液）	能去除皮衣表面的涂层并保证皮纤维组织不受破坏，保持其手感柔软	去除皮衣表面老化、发硬的涂层，在皮衣改色时，也须用此剂先将原色脱去方可进行下一道工序
防渗封闭剂（一种聚合物阳离子油乳液）	能大幅度降低皮革对涂饰剂的吸收，防止革面涂饰后变硬，使革面细致，涂层有油润感	用在苯胺革等渗透性强的皮革的阳离子底涂中，达到降低涂饰剂负电性，防止渗透的目的
染水（金属络合染料，是一种染料分子中含有金属离子的染色剂）	色泽鲜艳，遮盖力强，有良好的耐日晒、耐磨、耐水洗性，更能使着色不遮盖皮革粒面	常作为绒面皮染色及要求涂饰层轻薄透明的苯胺革的上色材料使用
改色剂（具有遮盖性能的醇溶性染色剂）	能充分渗透并遮盖附着在原有色涂饰层上	常用于皮革改色涂饰的改色底涂中
苯胺革、剪绒皮革专用成膜剂（以聚氨酯乳液为主）	在渗透的同时保持革身柔软，成膜极软，弹性极佳，黏合性好，其成膜耐油污，耐熨烫	专用于苯胺革、剪绒皮革的中涂成膜
绒面纤维软化剂（性能优良的复合性水性加脂乳液）	能充分渗透皮革纤维，使革身柔软，在加脂的同时对皮革具有一定的清洗作用，使加脂后的皮革颜色鲜艳	主要用于反绒革、磨砂、剪绒革（皮毛一体）类皮衣的加脂，同时可作为水洗皮衣的助剂
绒面、磨砂恢复剂	具有增强绒面革、磨砂革及油磨砂革的柔软手感并恢复其原有色泽面貌的性能	用于经清洗掉色不太明显、颜色基本一致的绒面革、磨砂革服装的一次性无色涂饰保养

十、涂饰材料的质量和保存

皮衣的涂饰工序使用的化工材料统称为涂饰材料或涂饰剂。涂饰是改善革的外观、提高革的使用性能和经济价值的一个重要工序。应该说，涂饰材料属于相对稳定的产品，但是如果产品超过保质期时间过长，产品存在内在质量问题（防腐不当）或保存不当，都将使产品变质。如用变质材料进行皮衣整饰，将给经营者和消费者

带来诸多麻烦和隐患。因此，必须对涂饰材料的质量进行鉴定。涂饰材料的质量鉴定法见表 9-17。

表 9-17　涂饰材料质量鉴定法

涂饰材料	鉴 定 方 法
皮革油（光亮剂）	用对比试验法比较简单易行，就是将几种不同质量的皮革油分别涂饰在相同质量的皮革上（均不加甲醛固色），待其干透后再进行观察与鉴别。对比法主要是"五看" ① 看耐湿擦性能。用海绵或白色软布浸湿并拧干后来回擦拭。沾色多的就是不耐湿擦，说明易掉色；沾色少或不沾色的就是耐湿擦性能好，说明不易掉色 ② 看是否发黏。用手摸手感平滑（有油性感）为不发黏。如果手感粗糙（无油性感），外表面容易相互粘连，为发黏 ③ 看是否发硬。与涂饰前相比，以不发硬且稍软为佳。如果显得发硬，则该皮革油不可使用。劣质皮革油不仅会使皮革发硬，还有可能产生龟裂 ④ 看遮盖力。比较遮盖力必须加大皮革油颜色与皮革颜色的对比度。可将深色皮革油涂饰在浅色皮革上，就很容易识别"庐山真面目"。对于浅色皮衣（尤其是彩色皮衣）必须使用遮盖力强的皮革油，否则将无法达到满意的效果 ⑤ 看光亮度。使用优质的皮革油涂饰后，可使皮衣光亮而自然；使用劣质的皮革油涂饰后虽然也很光亮，但会有明显的塑料感
颜料膏	正常的颜料膏为均匀的黏稠状物，非常细腻，将其搅匀用棒挑起来"细流如注"，流淌过程不间断、流完为止。而外观粗糙成块，用棒搅匀挑起，流淌过程断断续续，则该材料已变质或产品质量太差。如果颜料膏有冻结的现象，可适当加些氨水并充分搅拌均匀，使其 pH 值为 8.5～9 则可以刷染皮衣，而且不影响皮衣质量。如果材料变得异常黏稠或稀淡如水或者存有酸臭等异味，均说明材料已严重变质
成膜剂（树脂）	正常的树脂是均匀的白色乳液。如盛装树脂的容器底部有少量固状物，说明该树脂中某些成分发生了聚合，则该树脂的有效成分及使用性能降低，可酌情使用。如聚合物很多或出现结块、分层、悬浮物，都说明材料已严重变性，应弃之不用
添加剂	添加剂用量很少，但如有质量问题仍影响整个涂饰质量。添加剂（手感剂、柔软剂、增稠剂、消光剂、渗透剂、流平剂等）如出现结块、分层、不溶于水等现象均说明已变质

因涂饰材料中的有机材料，如颜料膏中的酪素，容易受细菌的侵蚀以及酸败或水解，所以颜料膏中都含有杀菌剂来抑制细菌的侵蚀。但如防腐不当、将其与其他涂饰剂混合或稀释应用时，也可使杀菌剂低于防腐剂的极限浓度而变质。通常，短时期使用不完的涂饰材料可加入适量防腐剂（如苯酚）保存。过热或日照都将加速材料的聚合或酸败，且所有涂饰材料均怕冻。所以，保存涂饰材料的正确方法是避光、低温、防冻、防潮。

十一、皮革服装的整烫工艺

皮革服装的整烫，可区分为光面皮革服装整烫和绒面皮革服装整烫。它们的整烫工艺见表 9-18。

表 9-18 皮革服装的整烫工艺

服装类型	整烫方法	整烫工艺
光面皮革服装	熨斗熨烫	电熨斗的温度控制在 80℃左右，熨烫时在光面皮革服装表面铺上一块丝绸，施加一定的压力把皮革上的皱纹烫平整
	人像机整烫	把光面皮革服装套在人像机上，采用少量蒸汽，时间为 20～30s，再改用冷风定型，时间为 1～2min，利用蒸汽把皱纹打开
	光面皮革整烫机整烫	把皮革服装套在皮革整烫机上，利用光面夹机的热量和压力把皱纹烫平整
绒面皮革服装	熨斗熨烫	经洗涤去污的绒面皮革服装，要进行定型熨烫。水洗后的绒面皮革服装，由于遇水后收缩使皮板发紧，可用硬毛刷将衣服全身刷一遍，这样就会使衣服变软，然后再进行熨烫。最好使用蒸汽型喷气熨斗垫布熨烫。熨烫要从绒面革服装的内部贴边、领子、袖子、前身、后身依次进行，对于领子、袖子、袋口、袋盖处要重点熨烫定型 熨烫完后要顺绒毛倒向用软毛刷整饰一遍
	人像机整烫	绒面革、麂皮多采用人像机来整烫。操作方法与光面皮革服装的人像机整烫方法相同

第五节 皮革服装清洗、涂饰和保养的工艺流程

皮革服装的清洗、涂饰、保养有一整套操作体系，绝非只是将皮革化工材料简单地往皮衣上一擦一喷就大功告成。一般来说，先要把污染的皮衣清洗干净，再视皮衣皮板发硬板结的具体情况适当加脂柔化，待其手感恢复到相应的柔软度之后，再用适宜的涂料对其着色涂饰；最后，再对皮衣的着色涂层进行固定（或称为封闭）。对于那些易受污染侵害的绒面革、磨砂革、全粒面革等服装，还要进行防水、防污的封闭处理。

一、皮革服装清洗、涂饰和保养的一般工艺流程

综前所述，皮革服装的清洗、涂饰、保养的一般工艺操作流程可概括为图 9-2 所示的工艺流程。根据不同质料皮衣的不同污染状况，其保养工艺可以进行调整、变化。

二、各类皮衣清洗，涂饰和保养的工艺流程

只有针对不同材料、款式、风格、污染程度的皮衣，选择合理的工艺流程和适宜的清洗、涂饰、保养材料，才能使皮衣获得较为理想的清洗、涂饰、保养效果。下面，结合意大利芬尼斯公司的有关资料，给出不同类型皮衣的清洗、涂饰、保养工艺流程，供读者参考。

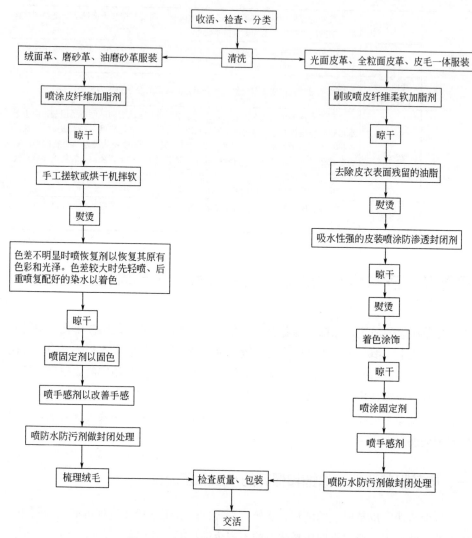

图 9-2 皮革服装清洗、涂饰、保养工艺流程

① 中低档光面皮衣的清洗、涂饰、保养的工艺（图 9-3）。

② 中高档光面软革服装的清洗、涂饰、保养工艺（图 9-4）。

③ 苯胺革服装的清洗、保养工艺（图 9-5）。

苯胺革服装干洗前应先调好颜色，尤其需要采用染料水且是在干洗前，应慎重进行预处理。一般情况下可不做预处理。

④ 反转革（皮毛一体）服装的清洗、涂饰、保养工艺（图 9-6）。

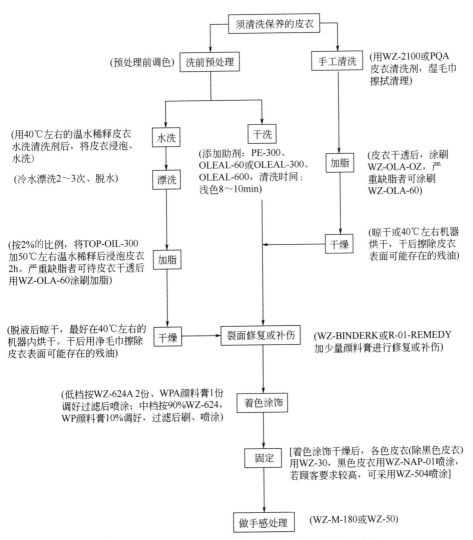

图 9-3　中低档光面皮衣的清洗、涂饰、保养的工艺流程

⑤ 绒面革、磨砂革服装的清洗保养工艺（图 9-7）。

⑥ 变色油皮、油绒面皮、油磨砂皮服装的清洗保养工艺（图 9-8）。

⑦ 沙发、汽车坐垫等皮革制品的清洗、涂饰、保养工艺（图 9-9）。

对于人造革沙发和汽车坐垫，只能清洗且干透后用海绵蘸皮沙发专用护理剂揩涂护理，不能进行着色涂饰和固定。

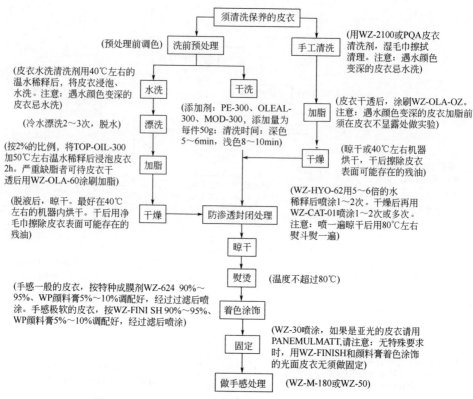

图 9-4　中高档光面软革服装清洗、涂饰、保养工艺流程

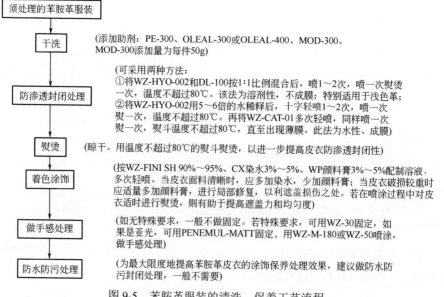

图 9-5　苯胺革服装的清洗、保养工艺流程

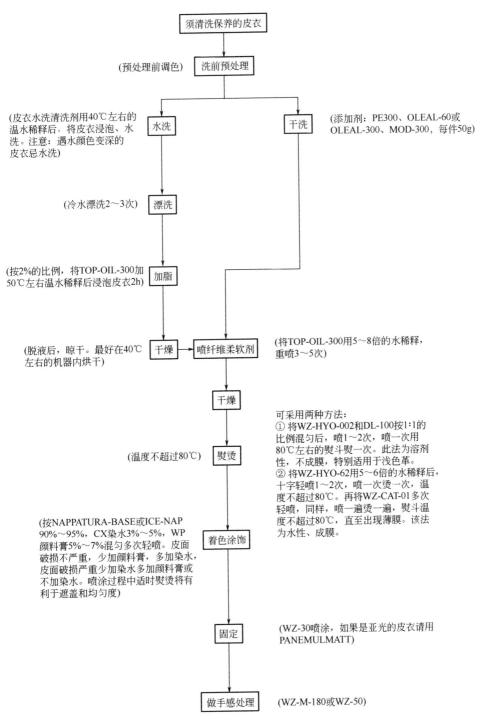

图 9-6 反转革（皮毛一体）服装的清洗、涂饰、保养工艺流程

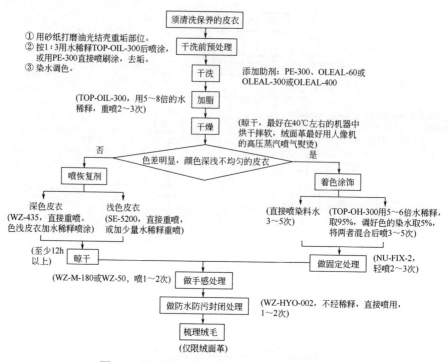

图 9-7　绒面革、磨砂革服装的清洗保养工艺流程

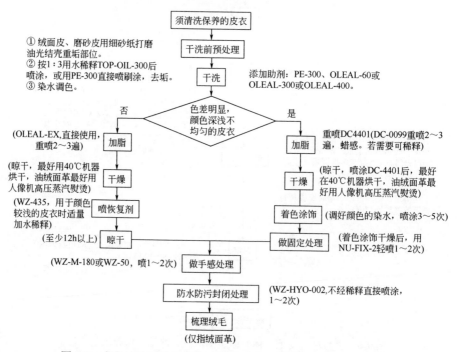

图 9-8　变色油皮、油绒面皮、油磨砂皮服装的清洗保养工艺流程

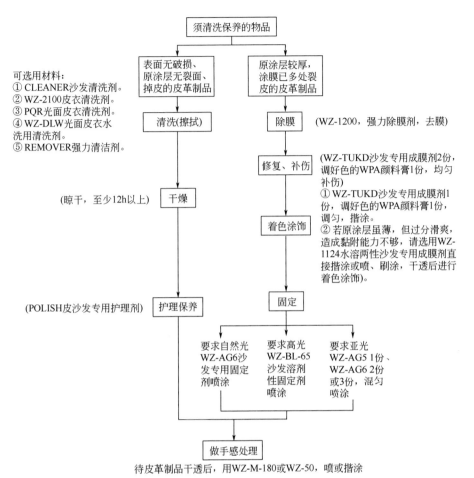

可选用材料：
① CLEANER沙发清洗剂。
② WZ-2100皮衣清洗剂。
③ PQR光面皮衣清洗剂。
④ WZ-DLW光面皮衣水洗用清洗剂。
⑤ REMOVER强力清洁剂。

图 9-9　沙发、汽车坐垫等皮革制品清洗、涂饰、保养工艺流程

参考文献

[1] 赵振河. 干洗技术[M]. 北京：化学工业出版社，2003.

[2] 金立平. 纺织服装干洗技术与设备使用实务[M]. 长春：吉林科学技术出版社，2002.

[3] 王河生. 洗衣店经营与洗染技术[M]. 北京：企业管理出版社，2001.

[4] 冯翼. 服装技术手册[M]. 上海：上海科学文献技术出版社，2005.

[5] 李德琮. 现代服装洗熨染补技巧[M]. 沈阳：东北大学出版社，1996.

[6] 张仁里，廖文胜. 洗衣厂洗涤及洗涤剂配制[M]. 北京：化学工业出版社，2003.

[7] 张一鸣. 中高档衣物的洗涤与保养[M]. 上海：上海科学技术出版社，1991.

[8] 魏竹波，康保安. 纺织工业清洗技术[M]. 北京：化学工业出版社，2003.

[9] 梁治齐. 实用清洗技术手册[M]. 北京：化学工业出版社，2000.

[10] 梁治齐，张宝旭. 清洗技术[M]. 北京：中国轻工业技术出版社，1998.

[11] 陈继红，肖军. 服装面辅料及服饰[M]. 上海：东华大学出版社，2003.

[12] 张以珠，袁观洛，王利君. 新编服装材料学[M]. 上海：东华大学出版社，2004.

[13] 朱松文. 服装材料学[M]. 北京：中国纺织出版社，1994.

[14] 宋哲. 服装机械[M]. 第 3 版. 北京：中国纺织出版社，2000.

[15] 缪元吉，方芸. 服装设备与生产[M]. 上海：东华大学出版社，2002.

[16] 中国缝制机械协会. 中国缝制机械大全[M]. 徐州：中国矿业大学出版社，2003.